피에르 에르메의
비건 파티스리

PÂTISSERIE
végé
tale

피에르 에르메의
비건 파티스리

피에르 에르메·린다 봉다라 공저
김희경 옮김

CITRON
MACARON

서문

최근 파티스리 분야는 큰 전환점을 맞고 있다. 1960년대 가스통 르노트르가 연구에 연구를 거듭해 끊임없이 새로운 것을 개발하면서 디저트를 차원이 다른 파티스리로 발전시킨 선구자였다면, 현재 사회 관계망과 이미지 파워는 오늘날 우리의 달콤한 창조물을 예술의 경지에 올려놓았다. 비에누아즈리의 감칠맛 나는 버터 맛, 황홀한 케이크의 우유, 크림, 달걀 맛 등, 이 분야에서는 시각도 매우 중요하지만 가장 중요한 것은 맛이다!

프랑스에서 비건 파티스리는 대개 호기심이나 막연한 관심에 따른 소소한 수요에 맞춰 서서히 발전하고 있다. 아마도 시각적으로 그다지 맛있게 보이지 않거나 우리에게 익숙한 음식들과는 다르게 보여서일 것이다. 나 역시 비교적 늦게 비건 파티스리에 관심을 갖게 되었는데, 내 주변에서 동물유래 성분의 재료 없이 요리를 하는 것은 흔한 일이 아니었다. 나는 2018년 뉴욕 'ABCV 레스토랑'에서 장 조르주 봉주리슈텐(Jean-Georges Vongerichten)의 음식과 파리에서 '랜드 앤 몽키스(Land&Monkeys)'가 개업했을 때 로돌프 랑드멘(Rodolphe Landemaine)의 파티스리를 발견하면서 비건 파티스리에 대해 지금과 같은 관심을 갖게 되었다. 그때까지 내가 가지고 있던 생각과 달리 세련되고 맛있는 이 음식과 디저트는 내게 새로운 영역의 가능성을 열어주었다. 이후 나는 전통 파티스리와 동일한 엄격함과 프로페셔널리즘으로 비건 파티스리를 연구했다. 2020년 '라 메종 뒤 쇼콜라(La Maison du Chocolat)'와 협업할 기회가 왔다. 나는 지금껏 세상에 없던 두 가지 초콜릿 파티스리를 고안해야 했는데, 어떻게 하면 '메종 뒤 쇼콜라'의 명성을 극대화할 수 있을지 생각했다. 그때 비건 파티스리가 생각났다. 나는 얼마 전 니콜라 클루아조(Nicolas Cloiseau)가 선보인 '웰빙' 시리즈의 연장선에서 새로운 파티스리를 제안했다. 내게 아이디어도 있고 의욕도 있으니 새로운 미식의 언어를 상상하며 나의 생각을 실현만 하면 되었다. 그렇게 해서 '로즈 데 사블르(Rose de sables)'와 '플뢰르 드 카시스(Fleur de Cassis)'가 탄생했고, 이때 비전을 보고 운명적으로 비건 파티스리의 세계에 발을 들이게 되었다. 하지만 두 가지 비건 파티스리를 만든 것만으로는 이 새로운 세계의 풍요로움을 충분히 이해할 수 없었다.

새로운 제품을 만들 때는 미지의 것을 두려워 말고, 위험을 감수해야 한다. 다른 방식에 대한 책을 집필하는 것은 비건 파티스리에 대한 연구의 일환으로 전통 규범을 초월해서 지식을 심화하고 익숙한 것에서 벗어나야 하는 도전이다. 또한 새로운 미식과 감동의 역사를 성공시킬 수 있는 맛에 대한 연구를 심화하는 방법이기도 하다. 하지만 실습 없이 어떻게 새로운 분야를 정확하고 적절하게 배울 수 있을까? 비건 파티스리의 시작은 어느 날 갑자기 결심한다고 가능한 것이 아니다. 재료에 대한 심화 지식을 습득해야 하고, 그 재료들의 사용법을 이해해야 하며, 맛있는 조리법을 만들기 위해 새로운 사고법을 개발해야 한다. 다시 말해서 우리가 가지고 있던 기초 지식을 잊고 다른 지식을 받아들여야 한다. 전 세계적으로 달걀, 버터 혹은 크림의 대체제를 따로 정한 목록이나 규칙은 아직 없다. 과자 혹은 케이크를 맛있게 만들려면 적절한 비율로 재료들을 배합해야 한다. 이러한 비율을 알아내려면 여러 번 시도해서 성공한 횟수가 축적되는 경험이 필요하다. 나는 린다 봉다라(Linda Vongdara)와의 만남과, 나의 창작 아틀리에 팀(R&D)의 노력 덕분에 이 새로운 분야에 대한 지식을 심화할 수 있었다. 온전히 나의 기호에 따라 쓴 이 책에는 나의 철학이 녹아 있다. 단순히 버터, 달걀 혹은 크림의 맛을 대체제로 구현하려고 한 것이 아니라 여러분에게 새로운 것을 만들 기회를 주고, 맛을 찾는 새로운 방법을 안내하고 싶었다. 이 책의 목적은 단순히 전통적인 파티스리 혹은 비에누아즈리의 식감을 재현하는 것이 아니라, 시야를 넓히고 다른 맛과 감각을 느끼고 다른 방식을 경험하게 하는 것이다. 나는 전통 파티스리만큼 맛있는, 때로는 다른 방식으로 더 맛있는 비건 파티스리에 푹 빠졌고, 시식하는 동안 나는 식감과 풍미 가득한 무한한 맛의 창작물을 발견하고 놀라움을 금치 못했다. 진화를 위해 시각을 바꾸는 것 역시 나의 철학이다.

여러분도 이 새로운 작품을 통해 몇몇 유명한 전통 파티스리를 비건으로 재해석한 것들과 새로 창조한 것들, 그리고 공저자 린다 봉다라의 조리법을 보며 전통 파티스리와 다른 점을 경험해보기 바란다.

피에르 에르메(Pierre Hermé)

들어가며

전통 파티스리와 마찬가지로 비건 파티스리 역시 맛과 감동이 있어야 한다. 미식계의 울리포*인 이런 스타일에 대한 실험은 환경과 동물 복지를 위해 우리 식습관을 바꿔야 할 필요에 의해 탄생했다. 이러한 삶의 방식은 분명 노하우가 쌓이면서 새로운 규범이 될 것이며, 수 세기 동안 유지된 식문화를 변화시킬 것이다. 이제 조상 대대로 내려온 식문화를 재고해야 하며, 오랜 세월 프랑스 파티스리에 사용했던 기본 재료를 사용하지 않는 조리법을 개발해야 할 시점이다.

나는 전통 파티스리 교육을 받았지만, 채소를 다루는 지식이 부족하다는 생각이 들었다. 따라서 노하우와 조리법 등, '프랑스다운' 완벽한 파티스리를 만들 수 있는 방법을 찾으려고 노력했다. 내가 중점을 둔 부분은 새로운 조리법의 구상에 도움이 될 수 있도록 완벽한 레시피 목록을 만들고, 우리 세상과 밀접하게 연결되어 있으면서도 새로운 도전이 될 달콤한 제품을 만들 수 있는 효과적인 모델을 제시하는 것이었다.

아마 여러분도 비건 파티스리에서 달걀을 대체해야 할 때, 치아씨드 콩포트 혹은 치아씨드와 같은 쉬운 대체제가 있다는 생각을 하지 못했을 것이다. 사회관계망에 많이 소개된 이런 해결책 때문에 비건 파티스리가 쉬울 것이라 예상할 것이다. 사실 직접적인 대체제를 사용할 경우 마음에 들지 않는 덜 맛있는 파티스리를 얻게 될 수 있다. 우리가 이런 파티스리를 원하는 걸까? 프랑스 파티스리

---

*OuLiPo(Ouvroir Littérature Potentiel). 잠재문학 작업실. 이 실험 문학 작업실은 문학표현에 대한 새로운 형식의 제약을 만들 가능성에 대한 프랑수아 르 리오네와 레몽 크노의 성찰에서 탄생했다. 1960년 11월 24일 첫 회의를 시작한 이 집단은 또한 규칙과 장애물에서 영감을 얻은 작가들이 새로운 구조를 이용할 수 있도록 이미 알려진 방식을 정비할 것을 제안했다. (『세계 문학 사전』, 라루스)

의 창시자인 앙토넹 카렘(Antonin Carême)과 쥘 구페(Jules Gouffé)의 정신을 왜곡하지 말자. 나는 모범생으로서 제과 수업을 다시 듣고, 탐험가로서 교사, 세프, 파티시에, 제빵사, 연구자 그리고 엔지니어 들과 함께 6년이 걸리는 실험을 시작했고, 여기서 쌓이기 시작한 노하우를 내가 설립한 비건 파티스리 학교 오카라(Okara)에서 공유하고 있다. 무예처럼 학교들도 저마다 자신만의 스타일과 창립 원칙이 있다. 그렇게 나도 비건 파티스리를 두드러지는 명확한 한 분야로 내세우기 위해 방식, 조리법, 그리고 모파, 레오나르 비스킷, 알바 크림, 에스테렐 혹은 포미코 무스 같은 독특한 이름의 베이스를 만들고 싶었다.

나는 오귀스트 에스코피에(Auguste Escoffier)가 묘사한 "단순한 게 맛있다", 그리고 그가 쓴 "단순하다고 아름답지 않은 것은 아니다"라는 말에 동의한다. 작업에는 언제든 가공하지 않은 재료의 맛을 돋보이게 하기 위해 조리법을 손질해야 할 의지가 있어야 한다. 내겐 우리 장인의 손으로 가공되는 땅의 소출 채소를 소중하게 다루는 것이 중요한 일이다. 상당히 복잡한 비건 파티스리를 위해 나는 단순함을 선택했다.

나는 이런 생각으로 내가 생각하는 세계 최고의 파티시에이자 재능을 증명하지 않아도 모두가 아는 세계적으로 명성이 높은 피에르 에르메에게 협조를 요청했다.

획기적인 파티스리의 발전을 위해서 나와 함께 도전할 준비가 된 재능 있는 예술가, 상징적인 인물이 필요했다. 그렇게 이 작품이 세상에 나오게 되었다.

린다 봉다라(Linda Bondara)

목차

비건 파티스리의
성공을 위한 키포인트

몇 가지 기본재료와 사용법을 알지 못한 채 비건 파티스리를 시작하기란 어려운 일이다. 이 도입부에서 비건 파티스리를 시작하기 전 알아야 할 몇 가지 키포인트를 공유하려고 한다. 나의 견해로는 전분, 유액 그리고 익히기 이 세 가지 항목은 매우 중요하다. 설탕과 맛에 대해서도 다룰 것이다.

전분
토대와 구조

밀가루는 글루텐이 있든 없든 전분이 함유된 제품이다. 밀가루에 들어 있는 전분과 글루텐은 전통 파티스리와 비건 파티스리를 구성하는 주요 천연 요소로, 크림을 짙게 하고 케이크를 겔화시켜 단단하게 만든다. 밀가루와 전분에 우선 수분을 공급하고 전분이 결착할 수 있도록 적어도 20분 휴지 시간을 주면 최적화된 효과를 볼 수 있다. 놀랍게 들리겠지만 이 두 성분만으로도 달걀과 달걀의 응고작용을 충분히 대체할 수 있다.

몇몇 전분(쌀가루, 옥수수전분, 감자전분)은 수분, 동결, 보존에도 다소 안정적이다. 천연 전분, 시간, 노하우만 있다면 가장 어려운 기술이 필요한 제품을 포함한 모든 비건 파티스리 제품을 만들 수 있다. 하지만 잔탄검*, 구아검**, 펙틴과 같은 결착제를

---

* 배추의 엽소병 원인균인 잔토모나스 캄페스트리스(Xanthomonas Campestris) 균을 사용해 탄수화물을 순수 배양 발효해 얻은 고분자 다당류 검물질을 아이소프로필알코올에 정제·건조·분쇄한 것으로서 포도당, 마노스 및 글루크론산의 나트륨, 칼륨 및 칼슘염 등으로 구성된 혼합물이다. 식품의 점착성 및 점도를 증가시키고 유화 안정성을 증진하며 식품의 물성 및 촉감을 향상시키기 위한 식품 첨가물이다. 식품에서 안정제, 증점제, 결착제, 유화제, 고결제, 발포제 등으로 사용된다.(『두산백과』)

** 백-황색의 분말로 거의 냄새가 없다. 구아검은 콩과 구아(Cyamopsis tetragonolobus) 종자의 배유를 분쇄해 얻어지거나 또는 이를 온수나 열수로 추출해 얻는 것으로서 갈락토만난으로 구성된 다당류이다. 식품의 점착성 및 점도를 증가시키고 유화 안정성을 증진하며 식품의 물성 및 촉감을 향상시키기 위한 식품 첨가물이다. 식품에서 안정제, 증점제, 결착제, 유화제, 고결제, 발포제 등으로 사용된다.(『두산백과』)

사용하면 과정을 촉진해 보다 신속하고 효과적이고 안정적으로 만들 수 있다.

글루텐프리 제품을 만들 경우 농도를 짙게 하는 첨가물(아마씨, 치아씨드, 차전자 등)로 글루텐의 점도를 높이는 작용을 대체할 필요가 있다. 이들은 반죽이 부드럽게 부풀 수 있도록 충분히 점탄성을 유지하게 해주고, 구운 후에도 브리오슈 비스킷 혹은 케이크의 모양과 부드러움을 유지시켜준다. 이들 증점제는 케이크를 만드는 재료들의 질감에 중요한 역할을 한다!

유화
지방, 맛과 질감

지방은 음식의 향과 질감에 중요한 역할을 한다. 액체 기름을 사용하면 크림은 더 부드럽고 케이크는 더 폭신해진다. 카카오버터나 코코넛오일처럼 상온에서 굳는 지방으로 만든 크림은 형태를 더 잘 유지시킨다. 케이크의 질감을 살리는 용제로 사용될 수 있는지, 그리고 크림을 휘저어 공기를 불어넣어 머랭을 만들 수 있는지 주의해서 살펴봐야 한다. 고체 지방 중 코코넛오일은 향을 없앨 수 있어서 베이킹을 할 때 특유의 맛을 더하지 않고 모양을 유지하는 데 도움이 된다. 카카오버터를 소량 사용해 크림을 만들거나 에밀션을 휘저어 부풀게 할 수 있다. 크림을 휘저어 만드는 가나슈에서 착안한 기술로 만든 에스테렐 크림이 이러한 경우이다. 일반적으로 고체 지방은 크림을 부풀릴 수 있으며, 차가우면 재결정되기 때문에 굳어서 최종 모양을 만드는 역할을 한다.

지방이 용해되는 온도 역시 먹을 때의 느낌과 인식에 중요한 역할을 한다. 몇 가지 예를 들어 보겠다. 알바 크림은 용해 온도가 20℃~25℃로, 고체에서 액체로의 전환이 빠른 탈취 코코넛오일로 만든 휘핑크림이다. 이 크림은 입안에서 빨리 녹기 때문에 덜 기름지고 가볍게 느껴진다. 샹티이 크림 대용으로 사용할 수 있는 에스테렐 크림은 37℃에서 용해되는 카카오버터로 만든다. 그 결과 기름지고 풍부한 맛이 입안에 오래 남는다. 이처럼 사용하는 지방에 따라 맛의 인식은 달라진다.

식물성 오일은 상온에서 액체이든 고체이든 모두 비건 파티스리에 사용할 수 있다. 탈취하지 않은 코코넛오일이나 올리브오일의 맛도 흥미롭다. 포도씨유, 땅콩유, 해바라기유와 같은 액체 오일은 비건 파티스리에 폭신폭신한 식감을 만드는 데 도움이 되며, 무미한 맛이 장점이다.

중요한 점은 물과 지방이 안정적으로 혼합된 에멀션이 파티스리의 맛 인식과 최종 구성에 역할을 하기 때문에 베이킹에 사용되는 지방은 반드시 에멀션이어야 한다는 것이다. 이 점은 비건 파티스리의 성공에 매우 중요하다.

전통 파티스리에서는 달걀과 유제품만으로도 이들이 가지고 있는 천연 계면활성제 덕분에 훌륭한 에멀션을 만들 수 있다. 하지만 비건 파티스리에서는 (레시틴 성분이 있는) 대두 제품이나 (분말 형태의) 병아리콩과 같은 천연 유화제 성분이 있는 재료가 필요하다. 루핀* 혹은 아마씨와 같은 천연 재료들도 유화제다. 해바라기의 레시틴이나 유화성 식물의 식이섬유, 주로 아이스크림에 사용되는 감귤류 식이섬유, 아마 식이섬유 등에서도 베이킹에 안정된 식감을 주는 유화제를 얻을 수 있다. 증점제와 겔화제 역시 유액을 안정하는 데 도움이 된다.

퍼프 페이스트리와 비에누아즈리에는 주로 마가린이 사용된다. 반죽을 여러 겹 겹쳐 쌓지 않아도 되는 브리오슈를 만들 때 주로 사용되는 카카오버터와 달리, 마가린은 버터의 가소성을 가지고 있고, 반죽을 여러 겹 겹쳐 쌓을 수 있게 한다. 또한 무미무향으로 부드러우면서도 탄성 있는 비스킷을 만들 수 있는 장점이 있다.

* Lupin. 콩과(Fabaceae) 루피누스속(Lupinus)의 여러해살이 풀. 일부 종은 한해살이풀 또는 관목이다. 공기 속의 질소를 고정한다. 열매는 꼬투리이며 그 속에 여러 개의 씨가 들어 있다. 씨의 단백질 함유량은 약 40%이다. 독성이 있는 알칼로이드인 루피닌을 가지고 있어 쓴 맛이 있다. 주로 남아메리카, 북아메리카 서부, 지중해 지역과 아프리카에 분포한다. (『식품과학사전』, 교문사)

굽기
응고

마지막 키포인트는 비건 파티스리 굽기에 있다. 다음의 몇 가지 단순한 규칙을 지켜야 한다. 케이크 반죽은 (빵을 구울 때와 마찬가지로) 더 높은 온도에서 더 오래 구워야 한다. 그리고 구조가 고정될 때까지 식혀야 한다. 달걀을 사용하는 케이크와 밀가루를 사용하는 비건 케이크, 혹은 글루텐프리 비건 케이크는 단단히 응고하며 구조화되는 작용에 걸리는 시간이 다르다는 점을 유의해야 한다.

당
파티스리에서의 역할

전통 파티스리에서 당의 선택은 식감, 맛, 보존에 영향을 끼친다. 이러한 특성은 비건 파티스리에서도 동일하다. 한 가지 팁을 소개하자면 비건 파티스리에서는 당을 첨가하기 전 음료에 녹여서 분말에 수분 공급을 최적화한다.

향
맛과 풍미를 주는 요소

달걀과 버터의 향이 없으면 과일과 초콜릿의 맛이 더 강하게 느껴질 수 있다. 비에누아즈리와 브리오슈의 경우 버터가 없어서 맛이 경감될 수는 있지만, 비에누아즈리의 바삭한 식감과 브리오슈의 가벼운 식감이 이들의 맛을 배가시킨다.

비건 파티스리 굽기 온도

케이크 형태	파티스리 유형	온도 설정	환기 설정	굽는 시간
깊은 틀, 높은 원형틀에 굽는 큰 케이크	나눔 케이크 레이어 케이크 구움과자	160°C~180°C	환기 없음 혹은 약	6조각 케이크는 30분 대형 케이크 (30조각 이상)는 2시간
위가 벌어진 틀에 굽는 단층 케이크	초콜릿 케이크 브라우니 호두 케이크 단층 구움과자 지방이 풍부한 반죽	180°C~200°C	약(초콜릿 반죽) ~ 중(다른 파티스리)	15~20분
쿠키팬에 굽는 얇은 케이크	레오나르 비스킷 디저트 비스킷 롤 비스킷	200°C	중 ~ 강	10분
작은 케이크	미니 케이크 피낭시에 마들렌 프티 푸르	220°C~240°C로 시작 필요할 경우 크기에 따라 180°C로 시간 추가	중 ~ 강	처음엔 매우 높은 온도로 2~5분 이후 온도를 낮춰 5~8분 더
비스킷과 사블레 반죽	비스킷 스위트 반죽 타르트 셸	150°C~170°C	환기 없음 혹은 약	균일한 색이 나올 때까지 온도에 따라 15~30분
속을 채운 타르트	사과 타르트 과일 타르트	180°C~190°C	약 혹은 중	과일과 충전재에 따라 30~45분

비에
누아
즈리

손으로 집어 먹는 디저트

버터, 신선한 달걀, 바삭한 황금빛 페이스트리 하면 바로 연상되는 비에누아즈리는 만족할 줄 모르는 나의 식탐을 항상 충족시켜준다. 하지만 조리법에서 주재료인 버터를 제외해도 비에누아즈리를 상징하는 맛과 질감이 유지될 수 있을까?

비건 비에누아즈리는 예상치 못한 가볍고 신선한 식감을 선사한 새로운 도전이었다. 비건 비에누아즈리와 전통 비에누아즈리를 비교하지 않을 수 없지만, 이 부분은 여기에서 다루지 않을 것이다. 이 책은 순전히 완성품을 맛볼 때 내가 받은 감동과 즐거움에 초점을 맞췄다.

비건 비에누아즈리를 만들며 우리는 식물성 오일, 카카오버터, 레시틴, 치아씨드 혹은 아마씨와 같은 여러 씨앗에 친숙해져야 했다. 반죽을 켜켜이 쌓고 굽는 방법은 전통적인 버터를 사용하는 비에누아즈리와 동일하지만 더 많고 복잡한 재료가 필요하다. 애써 양질의 천연재료를 찾아야 하고, 그 재료들의 역할을 분배하고, 다른 재료들과 어우러지게 사용하고, 적당한 온도에 올바른 순서로 사용하는 법을 배워야 한다.

오븐에서 갓 꺼낸 바삭하고 부드러운 황금빛 비에누아즈리의 행복한 맛을 내기 위해 내가 이미 알고 있는 조리법에서 벗어나 다른 조리법을 실험해야 했다. 창의성은 우리가 한계를 느낄 때에만 한계가 있다. 비건 비에누아즈리의 성공은 파티시에에게 새로운 도전이었다. 내가 생각한 조리법으로 처음 브리오슈를 만들 때 어떤 결과물이 나올지 알 수 없었다. 고백컨대, 과장을 하자면 예상을 뛰어넘는 결과물이었다. 내가 만든 비건 브리오슈는 입에서 사르르 녹고, 가볍고 부드러운 초현실적인 맛이었다. 처음 크루아상을 먹었을 때와 유사한 경험이었다. 나는 성장기에 이미 마가린 맛에 익숙했다. 1950년대 나의 아버지는 모든 반죽에 마가린을 넣었는데, 쿠겔호프*만 예외적으로 버터를 사용했다. 여전히 나는 버터 맛을 더 좋아하지만 비건 비에누아즈리의 이 독특한 맛을 보며 어린 시절 익숙했던 맛이 떠올랐다. 나는 버터를 넣지 않은 크루아상의 바삭함에 매료되었고, 이 특별한 지방의 부재를 망각했다. 보강 재료들 역시 이러한 맛과 즐거움에 큰 역할을 한다.

물론 비건 비에누아즈리를 만들 때 전통 비에누아즈리의 맛을 구현할 수 있는 방법을 찾아야 한다. 이 실험은 무엇보다 미식과 즐거움이라는 각도로 접근했다.

---

* Kouglof. 건포도를 섞은 반죽을 높이가 있고 꼬임 무늬가 있는 왕관 모양의 틀에 넣어 구운 알자스의 브리오슈 빵이다. 쿠겔호프는 일요일 아침 식사의 즐거움이라고 할 수 있다. 약간 굳어 눅눅해진 것이 더 맛있기 때문에 보통 전날 구워놓는다. 알자스 와인과도 잘 어울린다. (『그랑 라루스 요리백과』, 시트롱마카롱)

브리오슈

우리가 처음 만든 조리법들 중에서 브리오슈는 절대 잊을 수 없다. 물에 불린 씨앗들과 식물성 지방이 어우러져 버터가 들어가지 않았다고는 도저히 믿을 수 없을 정도로 부드러웠다. 입안에서 살살 녹는 식감을 지닌 브리오슈의 맛을 구현했다.

피에르 에르메

브리오슈 3개

준비
3시간
휴지
17~18시간
조리
40분

물에 불린 씨앗 믹스
(하루 전 준비)

치아씨드 10g

아마씨 10g

오트밀 10g

생수 30g

씨앗이 수분을 충분히 흡수하도록 브리오슈 반죽을 만들기 30분 전, 블렌더로 씨앗들과 오트밀을 거칠게 간 후, 상온의 물을 붓는다.

브리오슈 반죽
(히루 전 준비)

T45* 밀가루 425g

게랑드 플뢰르 드 셀 10g

설탕 65g

생이스트 20g

생수 310g

카카오버터 (발로나®) 107.5g

탈취 코코넛오일 107.5g

물에 불린 씨앗 믹스 60g

해바라기 레시틴 6g

응용

브리오슈 무슬린

브리오슈 반죽

마가린 적당량

탈취 코코넛오일과 카카오버터를 녹여 25℃로 보관한다. 소량용 후크 혹은 플랫비터를 장착한 블렌더 컨테이너에 미리 체로 거른 밀가루, 설탕, 이스트, 해바라기 레시틴을 넣고 저속으로 작동한 후, 생수의 70%를 붓는다. 블렌더를 저속으로 작동해 반죽을 만든다. 나머지 생수를 두 번에 나눠 부으며 반죽의 농도를 맞춘다. 반죽이 컨테이너 벽에서 떨어지면 플뢰르 드 셀, 물에 불린 씨앗, 25℃로 녹인 카카오버터와 탈취 코코넛오일을 넣는다. 반죽이 컨테이너 벽에서 떨어질 때까지 블렌더를 중속으로 작동한다. 반죽을 믹싱볼에 옮겨 담고 랩으로 밀착해 덮은 후 상온에서 1시간 발효시킨다. 반죽을 가볍게 두드려 가스를 뺀 후, 냉장고에서 2시간~2시간 30분 다시 발효시킨다. 반죽을 다시 두드려 가스를 뺀 후 냉장고에서 12시간 발효시킨다. 작업대에 펼쳐 브리오슈 무슬린, 브리오슈 낭테르, 혹은 브리오슈 식빵을 만들 수 있는 균일한 온도의 차가운 반죽이 완성되었다.

직경 10㎝, 높이 12㎝의 4/4 크기(99mm x 118mm, 또는 850㎖) 통조림 통 3개를 준비한다. 종이 라벨을 제거하고 깨끗한 물로 세척, 건조한 후, 붓으로 통 내부에 마가린을 바르고 컨벡션 오븐에 넣어 250℃로 7~8분 가열한다. 오븐에서 꺼내 바로 깨끗한 천으로 닦는다. 이제 틀은 사용할 준비가 되었다. 틀 바닥에 마가린을 살짝 바른다. 30 x 35㎝ 크기의 유산지를 3개의 틀 안쪽 벽을 따라 끼워 넣는다. 브리오슈 반죽 350g의 네 귀퉁이를 안쪽으로 접고 손으로 굴려 둥글게 만든다. 3개의 틀에 각각 둥글게 만든 반죽을 넣고, 밀대를 이용해 틀의 바닥에 넣은 반죽이 평평해지도록 정리한다. 반죽이 틀에서 1~2㎝ 위로 부풀어 오르도록 28℃의 방에서 3~4시간 발효시킨다. 컨벡션 오븐에서 170℃로 40분 정도 브리오슈를 굽는다. 10분에 한 번씩 몇 초 정도 오븐 문을 열어 수분을 제거한다. 조금 식힌 후 틀에서 꺼낸다.

---

* 밀가루는 프랑스에서 가장 많이 사용되는 곡물 가루이다. 조리법에 따라 적절한 형태의 밀가루를 선택하는 것은 매우 중요하다. 주요 밀가루 종류는 다음과 같다.
T45 밀가루 : 하얀 밀가루로 불리며 요리에서 가장 많이 사용되는 밀기울을 완전히 제거한 밀가루이다. 크레페, 피낭시에와 같은 고급 파티스리에 사용되지만 혈당지수가 매우 높으므로 소비에 주의해야 한다.
T55 밀가루 : 하얀 밀가루이지만 T45에 비해 영양분이 보완됐다. 비에누아스리, 브리오슈에 적합하다. 밀가루 중 T55는 가장 저렴해 마트에서 구하기 쉽다.
T65 밀가루 : T45와 T55보다 밀기울을 덜 제거한 밀가루로 파티스리에서 사용하며 주로 화이트 브레드를 만드는 데 사용된다. 유기농 제품 매장에서 구할 수 있다.
T80 밀가루 : 회갈색 밀가루로 흔히 T65 밀가루와 섞어서 빵을 만들지만 단독으로도 사용 가능하다. 이 경우 유기농법으로 생산된 T80 밀가루 사용을 권장한다. 유기농법으로 생산하지 않은 밀에는 살충제 성분이 고농축 함유되어 있다.
T110 밀가루 : 빵의 원료가 될 수 있는 준통밀 가루로, T65와 혼합해 사용해야 한다. 섬유질과 미네랄이 풍부할 뿐만 아니라 팽 콩플레(통밀빵)를 만들기에 적합하다.
T130 밀가루 : 이 밀가루 역시 빵이 무거워지는 것을 피하기 위해 T65와 혼합해 사용해야 한다.
T150 밀가루 : 밀기울을 가장 적게 깎기 때문에 밀가루 중 가장 영양소가 풍부한 통밀가루이다. 빵을 만드는 데 소량 사용된다. 밀눈과 단백질, 밀기울의 대부분을 포함하고 있다. (https://cuisine.journaldesfemmes.fr/astuces-termes-et-tournemains/1571853-comment-utiliser-les-differentes-farines)

브리오슈 무슬린
브리오슈 반죽
마가린 적당량

높이 8㎝, 14 x 8㎝ 크기의 양철 케이크 틀 4개에 마가린을 살짝 바른다. 반죽을 85g씩 12덩어리로 나눈다. 소분한 빈죽을 둥글게 빚어 각각의 틀에 3덩어리씩 나란히 놓고 살짝 누른다. 28℃의 방에서 2시간 발효시킨다. 브리오슈를 컨벡션 오븐에서 160℃로 45분 굽는다. 이때 10분마다 몇 초씩 오븐 문을 열어 습기를 제거한다. 브리오슈를 약간 식힌 후, 틀에서 꺼낸다.

브리오슈 식빵
브리오슈 반죽 950g
마가린 적당량

높이 8㎝, 50 x 8㎝ 크기의 케이크 틀 가장자리에 마가린을 살짝 바른다. 반죽을 둥글 길쭉하게 빚은 후 틀에 넣고 살짝 누른다. 28℃의 방에서 3시간 발효시킨다. 브리오슈를 컨벡션 오븐에서 160℃로 45~55분 굽는다. 이때 10분마다 몇 초씩 오븐 문을 열어 습기를 제거한다. 약간 식힌 후, 틀에서 꺼낸다.

계피 롤 브리오슈

계피 롤 브리오슈는 아침 식사로 혹은 간식으로 맛있게 나눠먹을 수 있다. 매우 부드러워서 손으로도 쉽게 찢어진다.

린다 봉다라

6~7인분 브리오슈 2개

준비
3시간
휴지
17시간
조리
40분

물에 불린 씨앗 믹스
(하루 전 준비)

치아씨드 10g

아마씨 10g

오트밀 10g

생수 30g

브리오슈 반죽을 준비하기 30분 전, 씨앗 믹스가 수분을 더 잘 흡수하도록 씨앗 믹스와 오트밀을 블렌더 컨테이너에 넣고 거칠게 간다. 상온의 생수를 첨가한다.

브리오슈 반죽
(히루 전 준비)

T45 밀가루 425g

게랑드 플뢰르 드 셀 10g

가루 설탕 65g

생이스트 20g

생수 310g

카카오버터 (발로나®) 107.5g

탈취 코코넛오일 107.5g

불에 불린 씨앗 믹스 60g

해바라기 레시틴 6g

계피 롤 브리오슈

브리오슈 반죽 880g

마가린 50g

황설탕 60g

계핏가루 10g

대두 혹은 귀리 음료 약간

탈취 코코넛오일과 카카오버터를 녹이고 25℃로 보관한다. 소량용 후크 혹은 플랫비터를 장착한 블렌더 컨테이너에 미리 체로 거른 밀가루, 설탕, 이스트와 해바라기 레시틴을 넣고 저속으로 작동한 후, 70% 분량의 생수를 넣는다. 저속으로 블렌더를 작동해 점도를 높인 후, 남은 생수를 두 번에 나눠 붓고 매번 블렌더를 작동해 점도를 높인다. 반죽이 컨테이너에서 떨어지면 플뢰르 드 셀, 물에 불린 씨앗 믹스, 그리고 25℃로 녹인 카카오버터와 탈취 코코넛오일 혼합물을 첨가한다. 반죽이 컨테이너에서 떨어질 때까지 블렌더를 중속으로 작동한다. 반죽이 컨테이너에서 떨어지면 믹싱볼에 옮겨 담고 랩으로 밀착해 덮은 후, 상온에서 1시간 발효시킨다. 반죽의 가스를 살짝 빼고 냉장고에 넣는다. 2시간~2시간 30분 발효시킨다. 다시 한 번 반죽의 가스를 빼고 12시간 냉장 보관한다. 반죽 전체가 균일하게 차가워졌다면 작업대에 펼쳐 작업할 준비가 완료되었다.

플랫비터를 장착한 블렌더 컨테이너에 마가린을 넣고 말랑말랑하게 만든다. 설탕과 계피를 넣고 크리미한 질감이 될 때까지 섞는다. 직경 16㎝, 높이 6㎝의 원형틀에 가볍게 기름칠을 하고, 유산지를 깐 트레이에 놓는다. 반죽을 두 덩어리로 나눈다. 덧가루를 뿌린 작업대에서 각각의 반죽을 밀대로 펼쳐 7~8㎜ 두께의 35 x 25㎝ 크기 네모 모양으로 만든다. 작은 L자 스패츌러를 사용해 마가린, 계피, 설탕 혼합물을 브리오슈 반죽 위에 얇게 펴 바른다. 브리오슈를 긴 방향을 잡고 만다. 날이 잘 갈린 칼을 사용해 둥글게 만 브리오슈를 잘라 7등분한다. 원형틀의 가장자리에 붙여 6덩어리를 세우고 마지막 한 덩어리는 중앙에 놓는다. 붓을 사용해 표면에 식물성 음료를 바른다. 28℃에서 2시간 발효시킨다.

크럼블

T65 밀가루 혹은 현미 가루 50g
비정제 황설탕 50g
차가운 마가린 40g
게랑드 플뢰르 드 셀 2g

믹싱볼에 모든 재료를 넣고 모래 같은 질감이 되도록 손가락으로 대충 섞는다. 사용할 때까지 냉장 보관한다.

굽기와 마무리

컨벡션 오븐을 170℃로 예열한다. 브리오슈를 크럼블로 덮는다. 40분 정도 굽는다. 살짝 식힌 후 틀에서 꺼낸다.

바브카

폴란드 브리오슈인 바브카는 최근 제빵사들에게 고전이 되었다. 나는 이 담백한 버전의 브리오슈에 홈 메이드 초콜릿 잼을 곁들이는 걸 좋아한다.

린다 봉다라

6인분 브리오슈 2개

준비
3시간
휴지
15시간
조리
40분

물에 불린 씨앗 믹스
(하루 전 준비)

치아씨드 10g

아마씨 10g

오트밀 10g

생수 30g

브리오슈 반죽을 준비하기 30분 전, 씨앗 믹스가 수분을 더 잘 흡수하도록 씨앗 믹스와 오트밀을 블렌더 컨테이너에 넣고 거칠게 간다. 상온의 생수를 붓는다.

브리오슈 반죽
(하루 전 준비)

T45 밀가루 425g

게랑드 플뢰르 드 셀 10g

가루 설탕 65g

생이스트 20g

생수 310g

카카오버터 (발로나®) 107.5g

탈취 코코넛오일 107.5g

물에 불린 씨앗 믹스 60g

해바라기 레시틴 6g

마무리

브리오슈 반죽 880g

초콜릿 스프레드 380g

생수 50%로 희석한 뉴트럴 나파주 200g

탈취 코코넛오일과 카카오버터를 녹인 후 25℃로 보관한다. 소량용 후크 혹은 플랫비터를 장착한 블렌더 컨테이너에 미리 체에 친 밀가루, 설탕, 이스트, 해바라기 레시틴을 넣고 저속으로 작동한 후, 70% 분량의 생수를 넣는다. 블렌더를 저속으로 작동해 반죽의 점도를 맞추고, 남은 생수를 두 번에 나눠 부으며 블렌더를 작동시켜 점도를 맞춘다. 반죽이 컨테이너 가장자리에서 떨어지면 플뢰르 드 셀, 불린 씨앗 믹스, 25℃로 녹인 카카오버터와 탈취 코코넛오일 혼합물을 넣는다. 블렌더를 중속으로 작동시키고 반죽이 컨테이너의 가장자리에서 떨어질 때까지 기다린다. 믹싱볼에 옮겨 담고 랩으로 밀착해 덮은 후, 상온에서 1시간 발효시킨다. 가볍게 반죽의 가스를 빼고 냉장 보관한다. 2시간에서 2시간 30분 더 발효시킨다. 다시 한 번 반죽의 가스를 빼고, 12시간 냉장 보관한다. 반죽이 균일하게 차가워졌다면 작업대에 펼쳐 작업할 준비가 되었다.

굽기와 마무리

직경 16㎝의 원형틀에 살짝 기름칠을 하고, 유산지를 깐 트레이에 놓는다. 브리오슈 반죽을 두 덩어리로 나눈다. 덧가루를 뿌린 작업대에서 두 덩어리의 반죽을 각각 밀대로 밀어 35 x 25㎝, 두께 7~8㎜의 직사각형으로 편다. 작은 L자 스패출러를 이용해 브리오슈 반죽 위에 초콜릿 잼을 얇게 펴 바른다. 브리오슈를 긴 방향으로 잡고 둥글게 만다. 날이 잘 갈린 칼에 기름을 살짝 바르고 둥글게 만 반죽을 길게 반 잘라 두 덩어리로 만든다. 초콜릿 스프레드가 드러난 잘린 면이 위로 오도록 놓고 두 덩어리의 반죽을 달팽이처럼 꼰다. 원형틀의 중앙에 조심히 바브카를 놓는다. 28℃에서 2시간 발효시킨다. 컨벡션 오븐을 170℃로 예열한다. 바브카를 40분 굽는다. 오븐에서 꺼내 아직 온기가 있을 때 물에 희석한 뉴트럴 나파주를 살짝 바른다. 살짝 식힌 후 틀에서 꺼낸다.

마헤누아즈리 손으로 집어 먹는 디저트

크루아상

전통적인 크루아상은 소금과 설탕이 비슷한 양으로 상당히 많이 들어가는 게 특징이다. 비건 버전 역시 소금과 설탕이 비슷하게 들어가며, 전통적인 크루아상과 맛 차이는 별로 없지만 바삭함은 우위에 있다. 나는 이 감동을 오롯이 즐긴다.

피에르 에르메

크루아상 10개

준비
4시간
휴지
20분
조리
20~25분

크루아상 반죽
(하루 전 준비)

T45 고운 밀가루 340g

마가린 25g

게랑드 플뢰르 드 셀 8g

가루 설탕 50g

생이스트 8g

생수 95g

귀리 음료 66g

믹싱볼에 물과 귀리 음료를 붓고 플뢰르 드 셀을 넣은 후 거품기로 섞어 잘 녹인다.
후크를 장착한 작은 블렌더 컨테이너에 위의 혼합물(플뢰리 드 셀, 물, 귀리 음료)과 다른 재료들을 모두 넣고, 저속으로 5분, 이어서 중속으로 17분 블렌더를 작동해 반죽을 섞는다. 혼합이 끝난 반죽의 온도는 24~25℃가 되어야 한다.
1) 반죽이 완성되면 단단한 공 모양으로 만든다. 랩을 씌워 25℃에서 1시간 발효시킨다.
2) 반죽을 4시간 냉장 보관 후 밀대로 밀어 10 x 10㎝ 크기의 정사각형으로 만든다.
3) 다시 랩을 씌워 밤새 냉장 보관한다.

크루아상 반죽 준비

크루아상 반죽
(위의 레시피로 만든 반죽)
18~19℃ 상온에 둔 마가린 215g

냉장고에서 크루아상 반죽을 꺼낸다. 밀대를 이용해 마가린을 두드려 균일한 두께의 네모 모양을 만든다. 덧가루를 살짝 뿌린 작업대에서 크루아상 반죽을 밀대로 밀어 마가린보다 두 배 큰 네모 모양을 만든다.

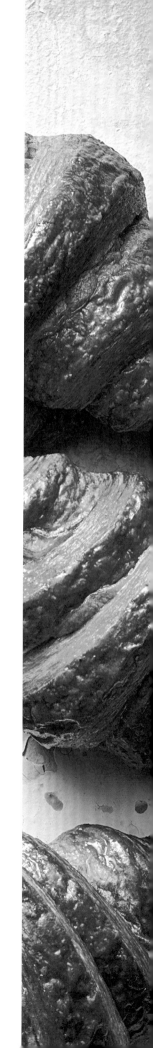

삽입과 만들기

사각형의 마가린을 반죽 중앙에 놓고 마가린이 보이지 않게 가운데를 중심으로 반죽의 양끝을 접어 덮는다.

접힌 두 면이 맞닿게 한 번 더 접고, 45분 냉장 보관 후, 두 번 더 접는다.

반죽을 냉동실에 넣고 1시간 후에 꺼내 밀대로 민다.

밀대로 밀기, 소분하기 그리고 성형하기

덧가루를 살짝 뿌린 작업대에서 반죽을 밀어 넓이 30㎝, 두께 3mm로 만든다. 반죽을 떼어내고 85g 정도의 밑변이 9㎝인 삼각형 모양으로 균일하게 자른다. 크루아상이 살짝 발효할 수 있도록 너무 단단하지 않게 만든다. 유산지를 깐 트레이에 놓고, 2시간 냉장 보관한다.

대두 음료와 메이플 시럽을 섞고 냉장 보관한다.

굽기와 마무리

냉장고에서 크루아상 생지가 있는 트레이를 꺼내고, 28℃에서 2~3시간 발효시킨다. 컨벡션 오븐을 190℃로 예열한다. 크루아상 위에 붓으로 글레이즈를 바른 후, 온도를 170℃로 낮춘 오븐에 넣고 20~25분 굽는다. 8분에 한 번씩 몇 초간 오븐 문을 열어 습기를 제거한다. 크루아상을 오븐에서 꺼내자마자 스테인리스 그릴로 옮겨 놓는다.

글레이즈
대두 음료 50g
메이플 시럽 15g

비헤누아즈리 손으로 집어 먹는 디저트

이스파한 크루아상

크루아상의 바삭함은 물론 장미, 라즈베리, 리치 트리오가 주는 독특한 맛이 버터의 부재로 약화된 맛을 살려준다.

피에르 에르메

크루아상 10개

준비
6시간
휴지
18시간
조리
40~45분

크루아상 반죽
(하루 전 준비)

T45 고운 밀가루 340g

마가린 25g

게랑드 플뢰르 드 셀 8g

가루 설탕 50g

생이스트 8g

생수 95g

귀리 음료 66g

생수와 귀리 음료를 믹싱볼에 붓고 플뢰르 드 셀을 넣어 거품기로 저어 녹인다.

후크를 장착한 블렌더 컨테이너에 위의 혼합물(플뢰르 드 셀, 물, 귀리 음료)을 붓고, 다른 재료들을 넣어 저속으로 5분, 중속으로 17~20분 블렌더를 작동해 반죽을 만든다. 만들어진 반죽은 24~25℃가 되어야 한다.

1) 반죽이 되자마자 단단한 공 모양으로 빚는다. 랩으로 덮어 25℃에서 1시간 발효시킨다.

2) 반죽을 4시간 냉장 보관한 후, 밀대로 밀어 10 x 10㎝ 크기의 사각형을 만든다.

3) 반죽을 다시 랩으로 덮고 밤새 냉장 보관한다.

로즈 아몬드 페이스트
(하루 전 준비)
아몬드 65% 함유 아몬드 페이스트 250g
장미 에센스 1.5g
붉은색 천연 색소 몇 방울

플랫비터를 장착한 블렌더 컨테이너에 모든 재료를 넣고 섞은 후, 비닐을 깔고 아몬드 페이스트를 옮겨놓고 다시 비닐로 덮어 밀대로 펼친다. 40 x 10㎝ 크기의 사각형으로 자르고, 다시 넓이 7㎝ 길이 12㎝ 크기의 삼각형 10개로 자른다. 유산지를 깔고 삼각형으로 자른 아몬드 페이스트를 올리고 랩으로 덮은 후 사용할 때까지 냉동 보관한다.

라즈베리 리치 콩포트
라즈베리 퓌레 400g
가루 설탕 60g
젤란검 10g
리치 시럽 40g

리치의 물기를 뺀다. 크게 잘라 최대한 착즙한다. 설탕과 젤란검, 차가운 퓌레를 섞고, 저으면서 끓인다. 리치를 넣고 불을 끈다. 실리콘 매트를 깐 트레이에 20 x 10㎝ 크기의 틀을 놓고 라즈베리 리치 콩포트를 붓는다. 식혀서 겔화한 후, 7 x 2㎝ 크기의 막대 모양으로 자른다. 랩으로 싸서 냉장 보관한다.

크루아상 반죽
크루아상 반죽
(위의 레시피로 만든 반죽)
18~19℃ 상온에 둔 마가린 215g

크루아상 반죽을 냉장고에서 꺼낸다. 밀대로 마가린을 두드려 네모 반듯하게 만든다. 덧가루를 살짝 뿌린 작업대에서 밀대로 반죽을 밀어 마가린보다 두 배 큰 정사각형을 만든다.

삽입과 층 만들기
사각형의 마가린을 반죽 중앙에 놓고 마가린이 보이지 않게 가운데를 중심으로 반죽의 양끝을 접어 덮는다.
접힌 두 면이 맞닿게 한 번 더 접고, 45분 냉장 보관 후, 두 번 더 접는다.
반죽을 냉동실에 넣고 1시간 후에 꺼내 밀대로 민다.

밀대로 밀기, 소분하기 그리고 성형하기
덧가루를 살짝 뿌린 작업대에서 반죽을 밀어 넓이 30㎝, 두께 3mm로 만든다. 반죽을 떼어내고 85g 정도의 밑변이 9㎝인 삼각형 모양으로 균일하게 자른다. 네모난 아몬드 페이스트를 삼각형 크루아상 반죽 위에 놓는다. 크루아상이 살짝 발효할 수 있도록 너무 단단하지 않게 만든다. 유산지를 깐 트레이에 옮겨놓고 2시간 냉장 보관한다.

글레이즈

대두 음료 50g

메이플 시럽 15g

대두 음료와 메이플 시럽을 섞은 후 냉장 보관한다.

워터 아이싱

슈거파우더 250g

생수 50g

슈거파우더와 생수를 섞고, 이 혼합물을 냉장 보관한다.

굽기와 마무리

냉장고에서 크루아상이 든 트레이를 꺼내 28°C에서 2~3시간 발효시킨다. 컨벡션 오븐을 190°C로 예열한다. 붓으로 크루아상 위에 글레이즈를 바르고, 170°C로 온도를 낮춘 오븐에 넣어 20~25분 굽는다. 굽는 동안 8분에 한 번씩 몇 초간 오븐 문을 열어 수분을 제거한다.

오븐에서 꺼내 살짝 식힌다. 크루아상 표면에 워터 아이싱을 적시고, 아이싱 물이 크루아상을 타고 흐르도록 그릴 위에 놓은 후 라즈베리 크리스피를 뿌린다. 스테인리스 그릴에서 크루아상을 꺼낸다.

마무리

워터 아이싱

라즈베리 크리스피 50g

아몬드 크루아상

이스파한 크루아상과 마찬가지로 아몬드 페이스트는 버터의 부재를 잊을 정도로 크루아상의 맛과 풍미에 영향을 준다. 동물유래 지방의 부재로 다른 재료들의 맛이 부각되기 때문에 아몬드 페이스트의 품질은 최상이어야 한다.

피에르 에르메

크루아상 10개

준비
6시간
휴지
18시간
조리
30~40분

크루아상 반죽
(하루 전 준비)

T45 고운 밀가루 340g

마가린 25g

게랑드 플뢰르 드 셀 8g

가루 설탕 50g

생이스트 8g

생수 95g

귀리 음료 66g

믹싱볼에 물과 귀리 음료를 붓고 플뢰르 드 셀을 넣어 거품기를 이용해 녹인다.

후크를 장착한 블렌더 컨테이너에 위의 혼합물(플뢰르 드 셀, 물, 귀리 음료)과 다른 재료를 모두 넣고 저속으로 5분, 중속으로 17~20분 블렌더를 작동해 반죽을 만든다. 만들어진 반죽은 24~25℃ 정도가 되어야 한다.

1) 다 섞어진 반죽은 바로 단단한 공처럼 둥글게 빚는다. 랩으로 씌워 25℃에서 1시간 발효시킨다.

2) 반죽을 4시간 냉장 보관한 후, 밀대로 밀어 10 x 10㎝ 정사각형을 만든다.

3) 반죽을 다시 랩으로 싸서 밤새 냉장 보관한다.

비에누아즈리 손으로 집어 먹는 디저트

36

1260시럽, 일명 보메 30도 시럽
(하루 전 준비)
가루 설탕 70g
생수 65g

물과 설탕을 끓이고, 거품을 걷어낸 후 식혀서 밀폐용기에 넣어 냉장 보관한다.

호두 헤이즐넛 아몬드 페이스트 퐁당
(하루 전 준비)
생호두 145g
피에몬테 생헤이즐넛 145g
생아몬드 145g
가루 설탕 370g
1260 시럽 115g

믹싱볼에 호두, 헤이즐넛, 아몬드, 설탕을 넣고 섞는다. 플랫비터를 장착한 블렌더 컨테이너에 이 혼합물을 붓고 시럽을 넣어 블렌더를 저속으로 작동한다. 하룻밤 냉장 보관한 후, 페이스트를 밀대로 밀어 10㎜ 두께로 만든다. 1.5 x 4㎝ 사각형 10개로 나눈다.

크루아상 반죽
크루아상 반죽
(위의 레시피 전체)
18~19℃ 상온에 둔 마가린 215g

크루아상 반죽을 냉장고에서 꺼낸다. 마가린을 밀대로 두드려 네모 반듯하게 만든다. 덧가루를 살짝 뿌린 작업대에서 밀대로 반죽을 밀어 마가린보다 두 배 크게 만든다.

삽입과 층 만들기

사각형의 마가린을 반죽 중앙에 놓고 마가린이 보이지 않게 가운데를 중심으로 반죽의 양끝을 접어 덮는다.
접힌 두 면이 맞닿게 한 번 더 접고, 45분 냉장 보관한 후, 두 번 더 접는다.
반죽을 냉동실에 넣고 1시간 후에 꺼내 밀대로 민다.

밀대로 밀기, 소분하기 그리고 성형하기

덧가루를 살짝 뿌린 작업대에서 반죽을 밀어 넓이 30㎝, 두께 3㎜로 만든다. 반죽을 떼어내고 85g 정도의 밑변이 9㎝인 삼각형 모양으로 균일하게 자른다. 네모난 아몬드 페이스트를 삼각형 크루아상 반죽 위에 놓는다. 크루아상이 살짝 발효할 수 있도록 너무 단단하지 않게 만든다. 유산지를 깐 트레이에 놓고, 2시간 냉장 보관한다.

구운 아몬드 슬라이스
화이트아몬드 슬라이스 200g

유산지를 깐 트레이에 아몬드를 펼쳐놓고, 오븐에서 170℃로 12~15분 굽는다.

글레이즈
대두 음료 50g
메이플 시럽 15g

대두 음료와 메이플 시럽을 섞고, 냉장 보관한다.

워터 아이싱
슈거파우더 250g
생수 50g

슈거파우더와 물을 섞고, 이 혼합물을 냉장 보관한다.

굽기와 마무리

냉장고에서 트레이를 꺼내 28℃에서 2~3시간 발효시킨다. 컨벡션 오븐을 190℃로 예열한다. 크루아상 위에 붓으로 글레이즈를 바른 후, 온도를 170℃로 낮춘 오븐에 넣고 20~25분 굽는다. 굽는 동안 8분마다 몇 초씩 오븐 문을 열어 습기를 제거한다.

마무리
워터 아이싱
구운 아몬드 슬라이스 100g

크루아상을 오븐에서 꺼내 살짝 식힌다. 크루아상 표면에 워터 아이싱을 적시고 그릴에 놓아 과도한 아이싱이 옆으로 흐르게 한 후, 구운 아몬드 슬라이스를 뿌린다. 크루아상을 스테인리스 그릴에서 꺼낸다.

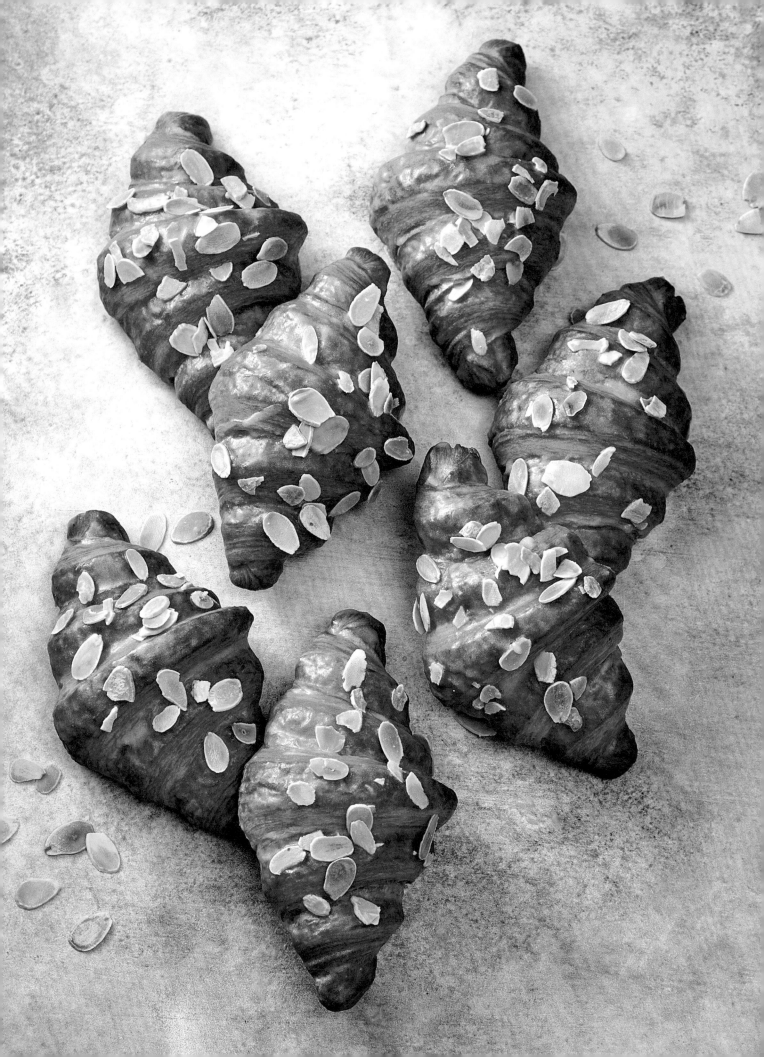

피스타치오
초콜릿 빵

이 초콜릿 빵에 사용된 홈 메이드 가나슈는 초콜릿과 잔두야* 혼합물이다. 아몬드 피스타치오 페이스트의 맛 그리고 반죽을 층층이 접어 생긴 가벼운 바삭함과 어우러지는 홈 메이드 초콜릿 바에 비에누아즈리의 모든 맛이 담겨 있다.

피에르 에르메

초콜릿 빵 10개

준비
6시간
휴지
18시간
조리
35~40분

크루아상 반죽
(하루 전 준비)

T45 고운 밀가루 340g

마가린 25g

게랑드 플뢰르 드 셀 8g

가루 설탕 50g

생이스트 8g

생수 95g

귀리 음료 66g

믹싱볼에 물과 귀리 음료를 붓고 플뢰르 드 셀을 넣어 거품기를 이용해 녹인다.

후크를 장착한 블렌더 컨테이너에 위의 혼합물(플뢰르 드 셀, 물, 귀리 음료)과 다른 재료를 모두 넣고 저속으로 5분, 중속으로 17~20분 블렌더를 작동해 반죽을 만든다. 만들어진 반죽은 24~25℃ 정도가 되어야 한다.

1) 다 섞은 반죽은 바로 단단한 공처럼 둥글게 빚는다. 랩으로 씌워 25℃에서 1시간 발효시킨다.

2) 반죽을 4시간 냉장 보관한 후, 밀대로 밀어 10 x 10㎝ 정사각형을 만든다.

3) 반죽을 다시 랩으로 싸서 밤새 냉장 보관한다.

* Gianduja. 이탈리아의 초콜릿 혼합물 잔두야. 카카오 건조물(matière sèche, 수분을 제외한 건조 성분) 최소 32%, 탈지 건조 카카오 8%, 곱게 간 헤이즐넛 최소 20%, 최대 40%를 함유한 초콜릿 혼합물이다. 토리노 지역의 특산물(피에몬테 지방은 헤이즐넛 산지로 유명하다)인 잔두야는 그 자체 그대로 또는 프랄리네 페이스트, 가나슈, 과일 페이스트나 아몬드 페이스트 등과 혼합 또는 레이어로 겹쳐지는 형태로 각종 초콜릿 봉봉이나 초콜릿 디저트의 구성 재료로 사용된다. (『그랑 라루스 요리백과』, 시트롱마카롱)

초콜릿 바

다크 초콜릿
(발로나® 카카오 64%, 멕시코) 200g

다크 초콜릿이 부드러우면서 광택이 나고 안정되도록 다음과 같이 템퍼링을 한다. 톱칼로 초콜릿을 잘게 잘라 용기에 넣고, 초콜릿이 담긴 용기를 냄비에 넣어 중탕으로 녹인다. 50~55℃가 될 때까지 나무 숟가락으로 부드럽게 젓는다. 초콜릿이 든 용기를 중탕냄비에서 꺼낸다. 얼음을 너덧 개 넣은 차가운 물이 든 용기에 초콜릿이 든 용기를 놓는다. 용기 가장자리부터 초콜릿이 굳기 시작하므로 가끔씩 녹인 초콜릿을 젓는다. 초콜릿의 온도가 27~28℃가 되면, 다시 초콜릿이 든 용기를 중탕냄비로 옮겨 주의해서 지켜보며 31~32℃로 만든다. 이제 초콜릿 템퍼링이 끝났다.
20 x 10㎝ 크기의 틀에 1㎝ 두께로 초콜릿을 펼친다. 칼을 이용해 1 x 8㎝ 크기로 자르고 냉장 보관한다. 20개의 초콜릿 바가 필요하다. 제과점에서 초콜릿 바를 구입해도 된다.

아몬드 피스티차오 페이스트

아몬드가 65% 함유된
수프림 아몬드 페이스트 250g
피스타치오 페이스트 25g
거피 천연 피스타치오 20g

유산지를 깐 트레이에 거피 피스타치오를 겹치지 않게 펼쳐놓는다. 컨벡션 오븐에서 150℃로 14분 굽는다. 바로 식혀서 굵게 빻는다. 플랫비터를 장착한 블렌더 컨테이너에 모든 재료를 넣고 섞는다. 바로 사용한다.

아몬드 피스타치오 페이스트 소분하기

두 장의 비닐 사이에 아몬드 페이스트를 놓고 밀대로 밀어 1㎝ 두께로 만든다. 11 x 7㎝ 크기의 사각형으로 소분한다. 유산지 위에 아몬드 페이스트를 놓고 랩으로 덮어 사용할 때까지 냉동 보관한다.

크루아상 반죽 준비

크루아상 반죽
(위의 레시피로 만든 반죽)
18~19℃ 상온에 둔 마가린 215g

냉장고에서 크루아상 반죽을 꺼낸다. 밀대로 마가린을 두드려 정사각형을 만든다. 덧가루를 뿌린 작업대에서 밀대로 밀어 크루아상 반죽을 마가린보다 두 배 크게 펼친다.

피스타치오 초콜릿 빵

삽입과 층 만들기

사각형의 마가린을 반죽 중앙에 놓고 마가린이 보이지 않게 가운데를 중심으로 반죽의 양끝을 접어 덮는다.

접힌 두 면이 맞닿게 한 번 더 접고, 45분 냉장 보관 후, 두 번 더 접는다.

반죽을 냉동실에 넣고 1시간 후에 꺼내 밀대로 민다.

밀대로 밀기, 소분하기 그리고 성형하기

덧가루를 살짝 뿌린 작업대에서 반죽을 밀어 두께 2.5㎜, 32 x 45㎝ 크기로 만든다. 크루아상 반죽을 떼어내고 16 x 9㎝ 크기의 사각형 10개로 일정하게 자른다. 10개의 사각형 반죽을 짧은 면이 앞에 오게 놓는다. 반죽 위에 아몬드 페이스트와 초콜릿 바를 놓는다. 초콜릿 바를 감싸며 반죽을 말고, 두 번째 초콜릿 바를 놓고 끝까지 반죽을 만다. 반죽이 살짝 발효할 수 있도록 너무 단단하지 않게 만다. 초콜릿 크루아상을 유산지를 깐 트레이에 놓고 2시간 냉장 보관한다.

슈거파우더, 물, 피스타치오 페이스트를 섞고, 냉장 보관한다.

피스타치오 워터 아이싱
슈거파우더 250g
생수 50g
피스타치오 페이스트 12.5g

글레이즈
대두 음료 50g
메이플 시럽 15g

대두 음료와 메이플 시럽을 섞고, 냉장 보관한다.

마무리
피스타치오 워터 아이싱
손질 분쇄한
엑스트라 그린 피스타치오 60g

굽기와 마무리

초콜릿 크루아상이 놓인 트레이를 냉장고에서 꺼내고, 28℃에서 2~3시간 발효시킨다. 컨벡션 오븐을 190℃로 예열한다. 붓을 이용해 초콜릿 크루아상 위에 글레이즈를 바르고, 170℃로 온도를 낮춘 오븐에 넣어 20~25분 굽는다. 굽는 동안 8분마다 몇 초씩 오븐 문을 열어 습기를 제거한다.

오븐에서 꺼낸 초콜릿 크루아상 위에 피스타치오 워터 아이싱을 적시고, 그릴 위에 놓아 과도한 아이싱 물이 옆으로 흐르게 한 후, 손질한 분쇄 엑스트라 그린 피스타치오를 뿌린다. 스테인리스 그릴에서 꺼낸다.

구움
과자

일탈로의 초대

비에누아즈리와 마찬가지로 케이크, 피낭시에, 사블레는 버터와 달걀이 주는 풍미가 있다. 우선은 맛에, 그리고 입안에서 살살 녹는 식감에 매료된다. 이 두 가지 기본 재료의 대체제를 찾는 것은 쉬운 일이 아니다. 우리는 우리가 좋아하는 구움과자의 식감을 찾기 위해 수많은 재료를 혼합하는 실험을 해야 했고, 모양과 향의 개발에 필요한 다양한 조합을 실험해야 했다.

비건 레시피를 개발하려면 우리가 흔히 사용하는 재료들에서 기대하는 작용을 분석하고, 비슷한 효과를 내는 재료들을 조합해야 한다. 나는 전통 케이크의 구조를 형성하고 맛을 내는 요인을 이해하기, 천연 첨가물을 포함해 일련의 식물 유래 재료들에 익숙해지기, 그 재료들 하나하나의 특성을 분석하기 등, 빨리 새로운 사고체계를 확립하기 위해 내가 습득했던 기존의 매뉴얼을 잊으려고 노력했다. 단지 이 단계로 그치는 것이 아니라 레시피를 새로 만들고, 마음에 드는 맛을 찾을 때까지 다양한 조합을 시험해야 한다. 따라서 전통 케이크와 비건 케이크의 레시피는 완전히 다를 수 있다.

버터는 융해점에 따라 적합한 다양한 식물성 오일을 사용함으로써 상대적으로 쉽게 대체제를 찾을 수 있다. 하지만 레시피에 따라 적절한 비율과 조합을 찾는 것 역시 중요하다. 예를 들어 중성적인 맛의 포도씨유는 순두부로 만드는 퐁당에 잘 어울리는 지방이다.

달걀은 전통 제과의 구조를 형성하는 기본 재료이기 때문에 대체제를 찾기가 매우 까다롭다. 노른자는 색을 내고, 유화 작용을 하고, 재료들을 결합하고, 케이크 반죽을 부드럽게 만든다. 흰자는 형태에 관여한다. 달걀 없이는 아무것도 할 수 없다! 하지만 일례로 감자 단백질과 물이 만나면 노른자의 유화 작용을 재현할 수 있다.

케이크의 경우 씨앗 믹스를 사용해 식감을 조절했고, 대두 음료와 순두부를 사용해 수분을 조절했다. 반면 만다린 케이크에 사용되는 재료의 조합은 완전히 다르다. 여기에는 감자 단백질, 포도씨유와 마가린을 사용하고, 씨앗 믹스는 사용하지 않는다. 붉은 과일 케이크는 과일 콩포트로 대체할 수 있다. 피낭시에는 우리가 기대하는 식감을 얻기 위해 식물성 기름 혼합물, 비건 음료와 아몬드 가루가 필요하다. 레시피마다 창의력이 필요한 것이다!

여기에서 소개하는 구움과자를 맛볼 때 느끼는 즐거움과 강렬한 맛은 전통 레시피만큼 마음에 들 것이다.

엥피니망
클레망틴 케이크

케이크를 만들기 위해서는 우리의 기대치를 만족하고, 우리가 좋아하는 부드러운 질감을 내는 재료들을 선택하고 조합하는 중요한 작업이 필요하다. 비건 케이크는 전통 케이크에 비해 밀도가 높고 덜 부풀지만, 씨앗 믹스는 촉촉하고, 입안에서 살살 녹는 맛있는 식감이 있다.

피에르 에르메

케이크 4개

준비
3시간
휴지
14시간
조리
2시간 40분

**홈메이드 반졸임 클레망틴 콩피
(하루 전 준비)**
유기농 코르시카 클레망틴 2개
생수 500g
가루 설탕 250g

톱칼로 두 개의 클레망틴 양끝을 자른 후, 위에서 아래로 잘라 4등분한다. 다음과 같이 세 번 데친다. 넉넉한 양의 끓는 물에 자른 클레망틴을 넣고 2분 데친 후, 찬물로 헹군다. 데치는 과정을 두 번 더 반복하고, 물기를 뺀다. 설탕과 생수를 끓여 시럽을 만든다. 클레망틴을 시럽에 넣고, 약 2시간 약불로 졸인다. 이때 부드러움을 유지하고 튀는 것을 방지하기 위해 뚜껑을 덮는다. 불을 끄고 시럽에 담근 채 밤새 냉장 보관한 후, 1시간 체로 받쳐 물기를 제거한다. 냉장 보관한다.

클레망틴 절임 시럽

생수 155g
가루 설탕 125g
유기농 코르시카 클레망틴 제스트 10g
유기농 코르시카 클레망틴 즙 60g

냄비에 물과 설탕을 넣고 끓인 후, 클레망틴 제스트를 넣고 30분 그 대로 두었다가, 클레망틴 즙을 넣는다. 절임을 위한 시럽의 온도는 40℃여야 한다. 시럽이 식었다면 다시 데운다.

클레망틴 케이크

밀가루 476g
베이킹파우더 27g
게랑드 플뢰르 드 셀 5g
아몬드 가루 175g
유기농 코르시카 클레망틴 즙 300g
생수 100g
감자 단백질 11g
감귤류 식이섬유 11g
포도씨유 / 카놀라유 / 땅콩유 (선택) 127g
마가린 160g
슈거파우더 360g
유기농 코르시카 클레망틴 제스트 10g
홈메이드 반졸임 클레망틴 콩피 큐브 120g

밀가루와 베이킹파우더를 섞어 체에 치고, 플뢰르 드 셀과 아몬드 가루를 넣는다. 반졸임 클레망틴 큐브의 코팅용으로 1/3을 덜어둔 다. 플랫비터를 장착한 블렌더 컨테이너에 마가린과 슈거파우더, 감귤류 제스트를 넣고 섞는다. 핸드 블렌더로 감자 단백질, 감귤류 식이섬유, 생수, 클레망틴 즙을 모두 섞는다. 기름을 붓고 다시 섞어 완전히 유화한다. 믹싱볼에 이 혼합물을 붓고 거품기로 섞는다. 밀 가루, 베이킹파우더, 아몬드 가루 혼합물과 반졸임 클레망틴 콩피 큐브, 밀가루 혼합물을 넣는다. 전부 섞고 바로 사용한다

성형

마가린 소량
포도씨유 / 땅콩유 / 카놀라유 (선택) 100g

성형과 굽기

높이 8㎝, 14 x 8㎝ 크기의 양철 케이크 틀 4개에 기름을 살짝 바르 고, 케이크 반죽 450g을 채운다. 둥근 스크레이퍼를 기름에 담갔다 가 각 케이크의 중앙에서 세로 방향으로 자국을 남겨 반죽이 잘 부 풀 수 있게 만든다. 4개의 케이크를 컨벡션 오븐에서 180℃로 10 분 구운 후, 160℃로 온도를 낮춰 30분 더 굽는다. 주방 칼로 케이 크를 찔러보고 다 익었으면 틀에서 꺼내, 그릴에 옮겨놓는다. 15분 식힌 후, 시럽에 절인다.

배트 혹은 그라탱 용기에 그릴을 놓고 그 위에 케이크들을 옮겨놓는다. 국자로 40℃의 시럽을 떠서 케이크를 적시는 과정을 세 번 반복한다. 30분 정도 시럽이 흐르도록 둔 후, 마무리한다.

클레망틴 워터 아이싱
슈거파우더 100g
유기농 코르시카 클레망틴 제스트
유기농 코르시카 클레망틴 즙 20g
유기농 레몬즙 10g

모든 재료를 섞고 40℃로 사용한다.

마무리

컨벡션 오븐을 160℃로 예열한다. 클레망틴 워터 아이싱 처리한 케이크를 얼린 후, 3분 오븐에 넣는다. 식힌 후 냉장 보관한다. 먹기 1시간 전 냉장고에서 케이크를 꺼낸다.

얼티미트 케이크

나는 얼티미트 케이크의 순수한 맛에 놀랐다. 늘 그렇듯 바닐라와 초콜릿이 완벽히 균형을 이룬 더 진한 케이크를 맛보았다. 조금 더 단단하고 진한 이 케이크는 기막히게 맛있다.

피에르 에르메

케이크 4~5개

준비
3시간
휴지
1시간
조리
1시간

플뢰르 드 셀 벨리즈 초콜릿 큐브
다크 초콜릿
(발로나® 카카오 64%, 시번 퓨어 벨리즈) 250g
바닐라 가루 2g
게랑드 플뢰르 드 셀 5g

플뢰르 드 셀 결정체를 밀대로 곱게 부순 후, 중간 혹은 가는 체로 거른다. 가장 고운 소금 결정체를 보관한다.
다크 초콜릿이 부드러우면서 광택이 나고 안정되도록 다음과 같이 템퍼링을 한다. 톱칼로 초콜릿을 잘게 잘라 용기에 넣고, 초콜릿이 담긴 용기를 냄비에 넣어 중탕으로 녹인다. 50~55℃가 될 때까지 나무 숟가락으로 부드럽게 젓는다. 초콜릿이 든 용기를 중탕냄비에서 꺼낸다. 얼음을 너덧 개 넣은 차가운 물이 든 용기에 초콜릿이 든 용기를 놓는다. 용기 가장자리부터 초콜릿이 굳기 시작하므로 가끔씩 녹인 초콜릿을 젓는다. 초콜릿의 온도가 27~28℃가 되면, 다시 초콜릿이 든 용기를 중탕냄비로 옮겨 주의해서 지켜보며 31~32℃로 만든다. 이제 초콜릿 템퍼링이 끝났다. 여기에 바닐라 가루와 플뢰르 드 셀을 넣는다. 비닐을 깔고 템퍼링을 마친 플뢰르 드 셀 초콜릿을 1cm 두께로 펼친다. 그 위에 비닐을 덮고 초콜릿이 뭉치며 변형되지 않도록 누름돌로 누른다. 냉장고에 넣고 최소 1시간 굳힌다. 칼로 1 x 1cm 정사각형으로 자른 후 서로 붙지 않게 바로 분리한다. 완전히 굳힌 후 바로 사용하거나 밀폐용기에 넣어 냉장 보관한다.

바닐라 절임 시럽
생수 325g
가루 설탕 250g
쪼개서 긁어 놓은
마다가스카르 바닐라빈 1개
천연 바닐라 엑스트랙트 40g

냄비에 모든 재료를 넣고 끓이며 최소 30분 달인다. 끓인 혼합물을 체에 받쳐 덩어리를 걸러낸다. 시럽의 온도는 40℃여야 한다. 시럽이 식었다면 살짝 다시 데운다.

홈메이드 증점제 믹스
황아마씨 30g
치아씨드 17.5g
차전자(질경이 씨) 7.5g

블렌더를 이용해 모든 재료를 갈아 가루로 만든 후, 곧바로 사용한다.

바닐라 케이크
밀가루 250g
베이킹파우더 11g
게랑드 플뢰르 드 셀 2g
바닐라 가루 12.5g
홈메이드 증점제 믹스 25g
대두 음료 150g
순두부 200g
사과 식초 5g
천연 바닐라 엑스트랙트 10g
가루 설탕 150g
땅콩유 120g

밀가루와 베이킹파우더를 함께 체로 치고, 플뢰르 드 셀, 바닐라 가루, 증점제 믹스를 넣는다. 플랫비터를 장착한 블렌더 컨테이너에 이 혼합물과 대두 음료, 순두부, 사과 식초, 천연 바닐라 엑스트랙트를 넣고 섞는다. 블렌더를 1분 30초 작동해 섞은 후, 설탕을 넣고 2분 더 섞는다. 땅콩유를 넣고 30초 더 섞는다. 곧바로 사용한다.

초콜릿 케이크

밀가루 200g
베이킹파우더 11g
카카오 가루 (발로나®) 25g
게랑드 플뢰르 드 셀 2g
홈메이드 증점제 믹스 25g
대두 음료 150g
순두부 200g
사과 식초 5g
가루 설탕 150g
땅콩유 120g

밀가루, 베이킹파우더, 카카오 가루를 함께 체로 치고, 플뢰르 드 셀과 증점제 믹스를 넣는다. 플랫비터를 장착한 블렌더 컨테이너에 이 혼합물과 대두 음료, 순두부, 사과 식초를 넣고 섞는다. 블렌더를 1분 30초 작동해 섞은 후, 설탕을 넣고 2분 더 섞는다. 땅콩유를 넣고 30초 더 섞는다. 곧바로 사용한다.

성형

마가린 약간
포도씨유 / 땅콩유 / 카놀라유 (선택) 100g

성형과 굽기

높이 8㎝, 14 x 8㎝ 크기의 양철 케이크 틀 4개에 살짝 기름을 바른다. 깍지 없는 짤주머니 2개를 이용해 각각의 틀에 초콜릿 케이크 반죽 100g을 채우고, 그 위에 바닐라 케이크 반죽 100g을 채운다. 플뢰르 드 셀 벨리즈 초콜릿 큐브 40g을 흩어놓고, 다시 초콜릿 케이크 반죽 75g을 채우고 그 위에 바닐라 케이크 반죽 75g을 채운다. 케이크가 잘 부풀도록 기름에 담근 둥근 스크레이퍼로 각 케이크 중앙에 세로로 자국을 낸다. 컨벡션 오븐에서 160℃로 45분 케이크를 굽는다. 요리용 칼로 케이크를 찔러본다. 케이크가 익었으면 틀에서 꺼내, 그릴로 옮겨놓는다. 15분 식힌 후, 시럽에 절인다.

절임

배트 혹은 그라탱 용기에 그릴을 놓고 그 위에 케이크들을 옮겨놓는다. 국자로 40℃의 시럽을 떠서 케이크를 적시는 과정을 세 번 반복한다. 시럽이 흐르도록 둔 후, 마무리한다.

다크 초콜릿 글레이즈

다크 초콜릿 글레이즈 페이스트
(발로나®) 200g
다크 초콜릿
(발로나® 카카오 72%, 아라과니) 100g
포도씨유 15g

유리그릇에 글레이즈 페이스트와 다크 초콜릿을 넣고 중탕 혹은 전자레인지로 녹여 45℃로 만든다. 포도씨유를 넣는다. 밀폐용기에 담아 냉장 보관한다. 사용할 때 온도는 40~45℃가 되어야 한다.

바닐라 화이트 초콜릿 칩

화이트 초콜릿 (발로나®) 100g
바닐라 가루 1g

초콜릿이 부드러우면서 광택이 나고 안정되도록 다음과 같이 템퍼링을 한다. 톱칼로 초콜릿을 잘게 잘라 용기에 넣고, 초콜릿이 담긴 용기에 를 냄비에 넣어 중탕으로 녹이며 바닐라 가루를 추가한다. 45~50℃가 될 때까지 나무 숟가락으로 부드럽게 젓는다. 초콜릿이 든 용기를 중탕냄비에서 꺼낸다. 얼음을 너덧 개 넣은 차가운 물이 든 용기에 초콜릿이 든 용기를 놓는다. 용기 가장자리부터 초콜릿이 굳기 시작하므로 가끔씩 녹인 초콜릿을 젓는다. 초콜릿의 온도가 26~27℃가 되면, 다시 초콜릿이 든 용기를 중탕냄비로 옮겨 주의해서 지켜보며 28~29℃로 만든다. 비닐을 깔고 바닐라 화이트 초콜릿을 펼쳐놓는다. 그 위에 비닐을 덮고 초콜릿이 굳으면 변형되지 않게 누름돌을 올려놓는다. 냉장 보관한다.

마무리

다크 초콜릿 글레이즈를 녹여 온도계 혹은 전자온도계로 측정해 40~45℃로 만든다. 배트 혹은 그라탱 용기에 그릴을 놓고 그 위에 케이크들을 옮겨놓고, 다크 초콜릿 글레이즈가 케이크를 완전히 덮도록 주의하며 균일하게 입힌다. 글레이즈가 완전히 굳기 전, 각 케이크 위에 바닐라 초콜릿 칩 2개와 다크 초콜릿 칩 1개를 올린다. 완전히 굳힌 후 냉장 보관한다. 먹기 1시간 전 케이크를 냉장고에서 꺼낸다. 상온에서 먹는다.

딸기 케이크

입안에서 살살 녹는 부드러운 이 케이크는 내가 가장 좋아하는 과일 딸기를 활용했다. 올리브오일과 레몬 제스트로 향을 살짝 입혀 딸기의 맛을 한층 강조했다.

린다 봉다라

6인분 케이크 2개

준비
2시간
휴지
20분
조리
55분

딸기 마블링
딸기 퓌레 200g
가루 설탕 120g
아가르 아가르 2g
감자전분 20g

작은 냄비에 모든 재료를 넣고 약불로 끓인다. 겔화된 혼합물을 식힌 후, 짤주머니에 넣어 상온 보관한다.

크럼블
T65 밀가루 혹은 현미(5분도미) 가루 25g
가루 설탕 25g
게랑드 플뢰르 드 셀 1g
탈취 코코넛오일 10g
대두 음료 10g

작은 볼에 재료를 차갑게 해 모두 넣은 후 손가락으로 대충 섞는다. 크럼블을 사용할 때까지 냉동 보관한다.

딸기 케이크 반죽

아마씨 15g
딸기 퓌레 150g
순두부 혹은 대두 요거트 200g
사탕수수 황설탕 165g
유기농 레몬 제스트 2g
T45 고운 밀가루 250g
베이킹파우더 10g
포도씨유 80g
올리브오일 40g

블렌더 컨테이너에 아마씨와 딸기 퓌레를 넣고 매끄럽고 고운 겔이 될 때까지 간다. 순두부 혹은 대두 요거트, 설탕, 레몬 제스트를 넣는다. 이 혼합물을 다시 간다. 반죽을 볼에 붓고, 미리 체에 친 밀가루를 한꺼번에 넣는다. 거품기로 섞은 후, 최소 20분 상온에 둔다. 휴지시킨 반죽에 베이킹파우더를 넣고, 오일을 조금씩 부으며 유화한다. 완전히 매끄러운 질감이 될 때까지 거품기로 섞는다.

성형

딸기 60g

성형과 굽기

컨벡션 오븐을 170~180℃로 예열한다. 14cm 금속 케이크 틀 2개에 기름칠을 하고 밀가루를 바른다. 케이크 반죽의1/3을 2개의 틀에 넣는다. 짤주머니에 든 딸기 마블링 겔을 반죽 위에 짜서 마블링을 만들고, 다시 반죽을 덮는다. 케이크 반죽과 딸기 마블링 과정을 한 번 더 반복한다. 딸기를 크게 잘라 한 덩어리 반 정도 케이크 위에 꽂듯 얹어 장식한다. 냉동실에서 크럼블을 꺼내 케이크 표면 전체에 흩뿌린다. 케이크가 노릇하게 익을 때까지 45~50분 굽는다. 칼끝으로 익은 정도를 확인한다. 미지근한 케이크를 틀에서 꺼내 완전히 식힌 후 먹는다.

참고 : 이 레시피에 사용된 오일과 풍부한 대두 단백질(두부 혹은 요거트) 베이스의 혼합물은 반죽을 부드럽게 하고 균일한 질감을 만든다. 글루텐 조직이 결합할 수 있도록 반죽을 휴지하는 것이 중요하다. 휴지를 해야 반죽을 구운 후 전분의 겔화가 진행돼서 입안에서 살살 녹는 부드러운 질감을 얻을 수 있다. 이 레시피에서 글루텐과 전분은 케이크의 모양을 잡아주는 달걀을 대체하고, 대두는 레시틴 덕분에 유화제로 사용된다.

아몬드 피낭시에

실패할 수 없는 비건 버전의 이 작은 아몬드 케이크는 하루 중 어느 때라도 맛있게 먹을 수 있다.

린다 봉다라

미니 피낭시에 30~40개

준비
30분
휴지
24시간
조리
10분

**아몬드 피낭시에 반죽
(하루 전 준비)**
T55 밀가루 150g
아몬드 가루 60g
베이킹파우더 5g
게랑드 플뢰르 드 셀 한 꼬집
대두 음료 160g
사탕수수 황설탕 125g
탈취 코코넛오일 50g
포도씨유 50g

탈취 코코넛오일을 냄비에 넣고 약불로 천천히 녹인 후, 포도씨유와 섞는다. 상온에 보관한다. 대두 음료를 믹싱볼에 붓는다. 사탕수수 황설탕을 넣고 완전히 녹을 때까지 거품기로 섞는다. 밀가루와 베이킹파우더를 체에 친다. 이 가루 혼합물을 한꺼번에 액체 혼합물에 부어 빠르고 고르게 잘 섞는다. 아몬드 가루, 플뢰르 드 셀, 오일을 조금씩 첨가하며 잘 유화된 소프트 반죽을 만든다. 반죽을 깍지가 없는 짤주머니에 넣고, 24시간 냉장 보관한다.

컨벡션 오븐을 240℃로 예열한다. 직경 4㎝의 원형틀에 피낭시에 반죽을 짜 넣는다. 오븐의 온도를 220℃로 낮추고 5분 굽는다. 피낭시에를 틀에서 꺼내, 그릴에 옮겨놓고 식힌다.

참고 : 피낭시에는 냉장 보관 시 금속 용기에 넣어 5일, 밀폐용기에 넣어 최대 2주 보관할 수 있다.

카트르 탕

대단한 여행가인 나의 친구 뱅자맹의 30번째 생일을 축하하기 위해 고안한 레시피이다. 맛과 질감이 다른 네 개의 층을 한 번에 굽는 과일 구움과자를 만들 생각이었다.

린다 봉다라

6인분 케이크 2개

준비
2시간
휴지
24시간
조리
1시간 40분

아몬드 피낭시에 반죽
(하루 전 준비)
T55 밀가루 150g
아몬드 가루 60g
베이킹파우더 5g
게랑드 플뢰르 드 셀 한 꼬집
대두 음료 160g
사탕수수 황설탕 125g
탈취 코코넛오일 50g
포도씨유 50g

탈취 코코넛오일을 냄비에 넣고 약불로 천천히 녹인 후, 포도씨유와 섞는다. 상온에 보관한다. 대두 음료를 믹싱볼에 붓는다. 사탕수수 황설탕을 넣고 완전히 녹을 때까지 거품기로 섞는다. 밀가루와 베이킹파우더를 체에 친다. 이 가루 혼합물을 한꺼번에 액체 혼합물에 부어 빠르고 고르게 잘 섞는다. 아몬드 가루, 플뢰르 드 셀, 오일을 조금씩 첨가하며 잘 유화된 소프트 반죽을 만든다. 반죽을 (깍지 없는) 짤주머니에 넣고, 24시간 냉장 보관한다.

반건조 졸임 배
유기농 작은 배 5개
가루 설탕 250g
생수 500g

배를 씻는다. 세로로 반을 잘라, 껍질은 둔 채 속을 파낸다. 냄비에 물과 설탕을 넣고 끓인다. 불을 줄이고 배를 시럽에 담가 10분 졸인다. 컨벡션 오븐을 150°C로 예열한다. 졸인 배를 체로 건져 물기를 빼고, 키친타월에 놓고 건조한다.

오븐팬에 실리콘 페이퍼를 깔고 배를 놓는다. 오븐에 넣고 20~30분 건조한 후 꺼낸다. 배는 부드럽고 약간 투명해야 한다. 배를 식힌 후, 반 가른 배를 각각 4조각으로 잘라서 보관한다.

아몬드 크림

대두 음료 200g
가루 설탕 80g
감자전분 15g
포도씨유 45g
아몬드 가루 110g
바닐라 가루 ½ts

냄비에 감자전분과 설탕, 대두 음료를 넣고 거품기로 섞는다. 약불로 혼합물이 걸쭉하게 될 때까지 끓인다. 불을 끄고 포도씨유, 아몬드 가루, 바닐라 가루를 넣고 거품기로 힘차게 섞는다. 크림을 식힌 후 짤주머니에 옮겨 담는다.

크럼블

T65 밀가루 혹은 현미 가루 100g
사탕무 황설탕 100g
차가운 마가린 80g
분쇄한 아몬드 혹은 아몬드 스틱 50g
게랑드 플뢰르 드 셀 4g

믹싱볼에 모든 재료를 넣고 손가락으로 대충 섞어 잘게 부술 수 있는 사블레처럼 바삭한 혼합물을 만든다. 크럼블을 사용할 때까지 냉동 보관한다.

조립과 굽기

컨벡션 오븐을 170°C로 예열한다. 직경 16cm, 높이 4.5cm의 원형틀 두 개에 기름을 바르고, 유산지를 깐 오븐팬에 놓는다. 피낭시에 반죽을 두개의 틀에 나눠 넣는다. 그 위에 아몬드 크림을 균일한 두께의 나선형으로 짜놓는다. 아몬드 크림 위에 배 조각을 올려 크림 속에 배가 살짝 묻히도록 놓는다. 크럼블로 전부 덮는다. 약 1시간 굽는다. 노릇하게 익으면 오븐에서 꺼낸다. 완전히 식힌 후, 틀에서 꺼낸다. 체를 사용해 슈거파우더를 얇게 덮어 케이크를 장식한다.

참고 : 피낭시에 반죽은 하루 전이나 이틀 전에 준비하는 것이 좋다. 이 케이크는 뚜껑 있는 그릇에 넣어 상온에서 5일, 냉장고에서 일주일 이상 보관할 수 있다.

소프트 초콜릿 케이크

비건 글루텐프리 소프트 초콜릿 케이크는 만들기 쉬울 뿐만 아니라 가벼우면서 맛있다.

린다 봉다라

4~5인분 케이크 2개

준비
1시간
휴지
2시간
조리
30분

소프트 초콜릿 케이크

다크 초콜릿 (발로나® 카카오 72%) 250g
아몬드 가루 55g
밤 가루 100g
베이킹파우더 3g
대두 음료 375g
사탕무 설탕 40g
감자전분 8g
포도씨유 22g
앰버 럼 20g
고운 소금 2g

먼저 다크 초콜릿이 부드러우면서 광택이 나고 안정되도록 다음과 같이 템퍼링을 한다. 톱칼로 초콜릿을 잘게 잘라 용기에 넣고, 초콜릿이 담긴 용기를 냄비에 넣어 중탕으로 녹인다. 50~55℃가 될 때까지 나무 숟가락으로 부드럽게 젓는다. 초콜릿이 든 용기를 중탕 냄비에서 꺼낸다. 얼음을 너덧 개 넣은 차가운 물이 든 용기에 초콜릿이 든 용기를 놓는다. 용기 가장자리부터 초콜릿이 굳기 시작하므로 가끔씩 녹인 초콜릿을 젓는다. 초콜릿의 온도가 27~28℃가 되면, 다시 초콜릿이 든 용기를 중탕냄비로 옮겨 주의해서 지켜보며 31~32℃로 만든다.

냄비에 감자전분, 사탕무 설탕, 대두 음료를 넣고 거품기로 섞는다. 이 혼합물을 계속 저으며 중불로 살짝 끓인다. 혼합물이 걸쭉해지면 불을 끄고, 다크 초콜릿과 포도씨유를 넣고 거품기로 섞는다. 반죽이 매끄럽고 윤기 나며 고르게 잘 섞여야 한다. 반죽에 밤 가루를 체로 쳐서 넣으며 섞는다. 아몬드 가루, 베이킹파우더, 럼, 소금을 넣고, 마지막으로 반죽을 고르게 잘 섞는다. 컨벡션 오븐을 180℃로 예열한다. 직경 16㎝의 원형틀 2개에 살짝 기름을 바르고, 유산지를 깐 오븐팬에 놓는다. 반죽을 원형틀에 붓고 소프트 케이크를 12분 굽는다. 케이크가 식으면 원형틀을 벗긴다.

카카오 미러 글레이즈

대두 음료 100g
생수 100g
가루 설탕 125g
100% 탈지 카카오 가루 40g
카카오버터 (발로나®) 15g
NH95 펙틴 9g

설탕 2큰술을 펙틴과 섞는다. 그릇에 카카오 가루와 카카오버터를 넣는다. 냄비에 대두 음료, 물, 남은 설탕을 넣고 끓인다. 냄비에 설탕과 펙틴 혼합물을 서서히 따르면서 펙틴이 완전히 녹을 때까지 약불로 잠시 끓이며 섞는다. 불을 끄고 뜨거운 혼합물을 카카오 가루와 카카오버터 혼합물에 붓고 핸드 블렌더로 섞어 글레이즈를 유화한다. 글레이즈를 랩으로 밀착해서 덮고 주기적으로 섞으며 식힌다.

다크 초콜릿 튈

다크 초콜릿 (발로나® 카카오 72%) 200g
카카오 가루 (발로나®) 소량

다크 초콜릿이 부드러우면서 광택이 나고 안정되도록 다음과 같이 템퍼링을 한다. 톱칼로 초콜릿을 잘게 잘라 용기에 넣고, 초콜릿이 담긴 용기를 냄비에 넣어 중탕으로 녹인다. 50~55℃가 될 때까지 나무 숟가락으로 부드럽게 젓는다. 초콜릿이 든 용기를 중탕냄비에서 꺼낸다. 얼음을 너덧 개 넣은 차가운 물이 든 용기에 초콜릿이 든 용기를 놓는다. 용기 가장자리부터 초콜릿이 굳기 시작하므로 가끔씩 녹인 초콜릿을 젓는다. 초콜릿의 온도가 27~28℃가 되면, 다시 초콜릿이 든 용기를 중탕냄비로 옮겨 주의해서 지켜보며 31~32℃로 만든다. 이제 초콜릿 템퍼링이 끝났다.

유산지 위에 폭 4cm로 비닐을 길게 잘라 놓고, 템퍼링이 된 다크 초콜릿을 얇게 펼쳐놓은 후, 카카오 가루를 체로 쳐 뿌리고, 초콜릿이 있는 비닐 밴드를 뷔슈 틀에 넣는다. 18℃에서 2시간 굳히고, 사용할 때까지 18℃로 보관한다.

마무리

차가운 카카오 미러 글레이즈 소량
카카오 닙스 (선택) 50g
다크 초콜릿 튈 2개

핸드 블렌더로 카카오 미러 글레이즈를 혼합하고, 짤주머니 혹은 종이로 원뿔 모양의 주머니를 만들어 넣는다. 케이크 위에 글레이즈를 나선형으로 짜놓는다. 카카오 닙스를 살짝 흩뿌리고, 초콜릿 튈 1장을 올려 장식한다.

참고 : 이 레시피에서 감자전분에 있는 녹말을 미리 익히면 케이크가 더 많은 수분을 흡수할 수 있어서, 최종적으로 더 부드럽고 입안에서 살살 녹는 식감을 만드는 습윤제 역할을 한다.

사블레 브르통

바삭하고 맛있는 두툼한 사블레는 비건 디저트 연습에 완벽한 과자이다.

린다 봉다라

비스킷 12개 가량

준비
30분
조리
20분

사블레

탈취 코코넛오일 40g

포도씨유 40g

대두 음료 160g

사탕수수 황설탕 80g

현미(5분도미) 가루 70g

감자전분 30g

귀리 가루 혹은 오트밀 가루 10g

병아리콩 가루 10g

베이킹파우더 10g

아몬드 가루 30g

게랑드 플뢰르 드 셀 2g

탈취 코코넛오일을 냄비에 넣고 약불로 서서히 녹인 후, 포도씨유와 섞는다. 상온 보관한다. 대두 음료와 사탕수수 황설탕을 믹싱볼에 붓고, 완전히 녹을 때까지 거품기로 섞는다. 밀가루, 감자전분, 베이킹파우더를 모두 섞어 체로 친다. 이 가루 혼합물을 액체 혼합물에 한꺼번에 붓고 고르게 잘 섞이도록 빠르게 거품기로 섞는다. 아몬드 가루, 플뢰르 드 셀, 오일을 조금씩 부으며 부드럽고 윤기 나는 반죽을 만든다.

컨벡션 오븐을 180℃로 예열한다. 직경 7cm의 원형틀 12개에 살짝 기름칠을 한다. 유산지를 깐 오븐팬에 원형틀을 놓고 반죽을 붓는다. 15분 구워 사블레를 노릇노릇하게 익힌다. 오븐에서 꺼내 그릴에 옮겨놓고, 완전히 식힌다.

참고 : 밀폐 용기에 담아 상온에 두면 비스킷을 바삭한 상태로 2주 보관할 수 있다.

스프리츠 비스킷

이 비엔나 비스킷은 세 가지 글루텐프리 가루를 사용해 만들었다. 풍미를 위해 비스킷의 한 면에 초콜릿을 입혔다. 한번 먹기 시작하면 멈출 수 없는 맛이다.

린다 봉다라

비스킷 50개

준비
30분
조리
30분

스프리츠 비스킷
탈취 코코넛오일 55g
포도씨유 100g
현미 가루 혹은 현미(5분도미) 가루 190g
귀리 가루 혹은 오트밀 가루 100g
병아리콩 가루 20g
베이킹파우더 1.5g
슈거파우더 100g
바닐라 가루 ½ts
차가운 생수 120g
게랑드 플뢰르 드 셀 2g

탈취 코코넛오일을 냄비에 넣고 약불로 서서히 녹인 후, 포도씨유와 섞는다. 상온 보관한다. 플랫비터를 장착한 블렌더 컨테이너에 현미 가루, 귀리 가루, 병아리콩 가루와 베이킹파우더를 넣는다. 오일을 첨가하고 균일한 질감이 될 때까지 고르게 섞는다. 슈거파우더를 붓고 바닐라 가루를 넣은 후, 균일한 질감이 되도록 다시 섞는다. 만들어진 반죽에 물을 조금씩 추가하며 계속 섞어 유화한다. 이때 질지 않은 크리미한 질감이 되게 한다. 준비한 양의 생수를 모두 사용할 필요는 없다. 플뢰르 드 셀을 추가하고 블렌더를 짧게 작동한 후, 반죽을 꺼내 13㎜ 주름 깍지를 낀 짤주머니에 넣는다. 컨벡션 오븐을 180℃로 예열한다. 오븐팬에 눌음방지 실리콘 매트를 깔고 촘촘하게 작은 지그재그 모양으로 사블레를 짜놓는다. 사블레가 노릇노릇해질 때까지 25분 굽는다. 스프리츠 비스킷을 그릴로 옮겨놓고 완전히 식힌다.

초콜릿 나파주
다크 초콜릿 (발로나® 카카오 72%) 100g
카카오버터 (발로나®) 100g

다크 초콜릿과 카카오버터를 중탕으로 녹인다. 초콜릿 옷을 입히기에 충분한 질감이 되면 스프리츠 비스킷의 반쪽을 초콜릿 나파주에 담근 후 유산지에 놓고 식힌다. 밀폐용기에 보관한다.

프티 아몬드 플로

플랑을 가장 좋아하는 '플로'라 불리는 나의 동반자 플로랑에게서 영감을 얻은 레시피다. 채유식물 퓌레를 사용해 크림 베이스를 만드는 건 그가 준 아이디어였다.

린다 봉다라

플랑 10~12개

준비
1시간 30분
휴지
20분
조리
40~50분

스위트 반죽
T55 밀가루 138g
감자전분 38g
카카오버터 (발로나®) 46g
포도씨유 19g
슈거파우더 61g
아몬드 가루 23g
게랑드 플뢰르 드 셀 3g
대두 음료 61g
비스킷 표면에 바를 카카오버터 약간

플랫비터를 장착한 블렌더 컨테이너에 밀가루, 감자 전분, 슈거파우더, 아몬드 가루, 플뢰르 드 셀을 넣어 가루 혼합물을 만든다. 작은 냄비 혹은 전자레인지로 카카오버터를 녹이고 포도씨유와 섞은 후, 블렌더 컨테이너에 전부 붓고, 가루 혼합물에 지방이 흡수될 때까지 중속으로 블렌더를 작동한다. 대두 음료를 서서히 부으며 균일한 질감이 될 때까지 계속 섞는다. 반죽을 랩으로 싸서 20분 이상 냉장 보관하며 굳힌다. 반죽을 냉장고에서 꺼내 유산지에 놓고 다른 유산지로 덮은 후, 약 2~3㎜ 두께로 펼친다. 밀대로 민 반죽을 포크로 찌른 후, 직경 6㎝, 높이 2.5㎝의 타르트 원형틀 10~12개에 맞게 넣는다. 타르트 셸을 20분 냉동 보관한다. 컨벡션 오븐을 180℃로 예열한다. 타르트 셸을 냉동실에서 꺼내고, 그 위에 알루미늄 포일을 덮은 후, 누름돌 혹은 말린 콩을 놓는다. 오븐에서 15~20분 구운 후, 포일과 누름돌 혹은 말린 콩을 제거하고, 오븐의 온도를 170℃로 낮춰 전체가 노릇해질 때까지 5~10분 구워 마무리한다. 오븐에서 꺼낸 후, 비어 있는 타르트 셸에 살짝 녹인 카카오버터를 바르면 바삭함을 유지할 수 있다. 상온 보관한다.

플랑 재료

귀리 음료 250g

대두 음료 180g

사탕수수 황설탕 110g

감자전분 15g

옥수수전분 15g

아가르 아가르 1g

화이트 아몬드 퓌레 100g

탈취 코코넛오일 80g

냄비에 설탕, 감자전분, 옥수수전분, 아가르 아가르를 넣어 가루 혼합물을 만든다. 가루 혼합물에 귀리 음료와 대두 음료를 붓고 녹인다. 이 혼합물을 끓인다. 불을 끄고, 뜨거운 혼합물에 화이트 아몬드 퓌레와 탈취 코코넛오일을 넣고 핸드 블렌더로 유화한다. 이 혼합물을 구운 타르트 셸에 가득 채워 넣는다. 오븐을 그릴 모드 200°C로 설정하고 플랑의 표면이 노릇하게 익을 때까지 그릴 아래에서 약 5분 굽는다. 완전히 식힌 후 먹는다.

캐러멜 배 모파

이 케이크는 수증기로 익히는 조리법 덕분에 비교 불가의 부드러움을 자랑한다. 따뜻하게, 혹은 기호에 따라 과일, 캐러멜, 초콜릿을 더해 즐길 수 있다.

린다 봉다라

6인분

준비
1시간
휴지
2시간
조리
1시간

캐러멜라이징한 배
단단한 배 3개
가루 설탕 700g
뜨거운 물 300g

배는 껍질을 벗기고 반을 가른 후, 속을 파낸다. 컨벡션 오븐을 170°C로 예열한다. 설탕으로 건조 캐러멜을 만든다. 캐러멜이 황갈색이 되면, 뜨거운 물을 붓고 저으며 녹인다. 액체 캐러멜을 오븐용 그릇에 붓고, 배를 캐러멜에 넣는다. 그릇을 포일로 덮고, 배를 오븐에 넣어 40분 굽는다. 반쯤 익으면 중간에 배를 뒤집어 놓는다. 배를 캐러멜에 담근 채 식힌다. 가나슈 크림용으로 구운 캐러멜 180g을 남겨둔다.

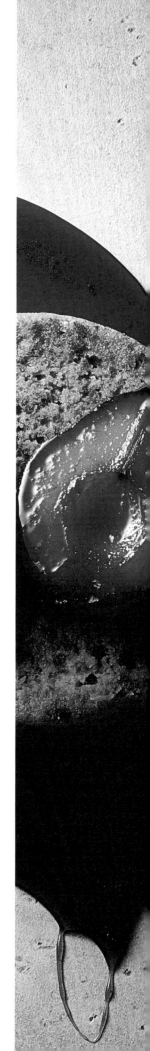

캐러멜 아몬드 가나슈 크림
마다가스카르 바닐라빈 1개
대두 음료 120g
전화당 10g
배를 넣고 구운 캐러멜 180g
화이트 아몬드 퓌레 (무가당) 170g
카카오버터 (발로나®) 60g
마가린 40g
귀리 음료 160g
게랑드 플뢰르 드 셀 3g

바닐라빈을 반 쪼개 칼로 씨를 긁어낸다. 냄비에 대두 음료, 전화당, 캐러멜을 모두 넣고 캐러멜이 완전히 녹을 때까지 끓인다. 불을 끄고 아몬드 퓌레, 카카오버터, 작은 조각으로 자른 마가린을 넣는다. 이 혼합물을 매끄럽고 윤기 나는 질감이 될 때까지 핸드 블렌더로 유화한다. 귀리 음료와 플뢰르 드 셀을 넣고 다시 섞는다. 가나슈를 최소 2시간 냉장 보관한다. 차가운 가나슈를 휘핑해서 크림을 만든다. 냉장 보관한다.

모파
대두 요거트 200g
사탕수수 황설탕 60g
T55 밀가루 60g
감자전분 40g
베이킹파우더 5g
건조 비스킷 가루
(혹은 남은 비건 스위트 반죽) 150g
포도씨유 70g

믹싱볼에 대두 요거트와 사탕수수 황설탕을 넣고 완전히 녹을 때까지 섞는다.
비스킷을 으깨고, 직경 16㎝의 틀 벽면에 바를 용도로 25g을 따로 챙겨둔다. 밀가루, 감자전분, 베이킹파우더를 체에 치고, 으깬 비스킷에 넣어 가루 혼합물을 만든다. 가루 혼합물에 설탕과 섞은 요거트를 넣고, 반죽이 매끄러워질 때까지 거품기로 섞는다. 마요네즈를 만들 때처럼 포도씨유를 조금씩 부으며 거품기로 빨리 저어 유화한다.
원형틀에 기름을 살짝 바르고, 틀 안쪽 벽면에 비스킷 가루를 얇게 바른다. 틀에 반죽을 붓고, 찜통 찜기에 놓는다. 일정한 증기로 15~20분 익힌다. 조리용 칼로 모파를 찔러본다. 칼날이 깨끗하면 다 익은 것이다. 필요하면 조리 시간을 늘린다. 모파가 미지근하게 식으면 틀에서 꺼내 그릴에 옮겨놓고 완전히 식힌다.

참고 : 모파는 수증기로 익힌 매우 부드러운 요거트 케이크다. 반죽에 으깬 비스킷을 듬뿍 넣어 비스킷에 가까운 묘한 풍미가 있다. 이 레시피는 남은 스위트 반죽이나 미리 오븐에 구워 건조한 케이크 조각들을 재활용할 수 있다. 또한 동물유래 재료를 취급하지 않는 상점에서 파는 스페퀼로스 비스킷을 사용할 수도 있다.

스팀 초콜릿 퐁당

나는 이 레시피로 초콜릿이 풍부한 입에서 살살 녹는 맛있는 케이크를 만들고 싶었다. 그래서 부드러운 스팀 조리법을 활용하기로 결정했다.

린다 봉다라

4~5인분 케이크 2개

준비
1시간
휴지
2시간
조리
30분

스팀 초콜릿 퐁당

대두 음료 120g
가루 설탕 60g
다크 초콜릿
(발로나® 카카오 62%) 200g
포도씨유 70g
T55 밀가루 70g
감자전분 40g
베이킹파우더 5g

대두 음료에 설탕이 잘 녹도록 섞는다. 다크 초콜릿과 포도씨유를 냄비에 넣고 약불 혹은 중탕으로 서서히 녹인다. 초콜릿이 녹으면 불을 끈 후, 가당 대두 음료를 넣고 거품기로 섞으며 유화한다. 밀가루, 감자전분, 베이킹파우더를 함께 체에 친다. 이 가루 혼합물을 액체 혼합물에 붓고 매끄러운 질감이 될 때까지 섞는다. 직경 16cm의 원형틀 2개에 기름을 바르고, 반죽을 붓는다. 중심부가 너무 익지 않도록 15~20분 찐다. 중심부는 뜨거울 때 약간 묽은 상태여야 한다. 완전히 식힌 후, 틀에서 꺼낸다.

캐러멜 헤이즐넛 초콜릿 가나슈
귀리 음료 160g
대두 음료 160g
전화당 10g
타히티 바닐라빈 ½개
마가린 40g
피에몬테 구운 헤이즐넛 퓌레 (무가당) 170g
아몬드 밀크 초콜릿
(발로나® 카카오 46%, 아마티카) 120g
가루 설탕 40g
게랑드 플뢰르 드 셀 3g

냄비에 귀리 음료, 대두 음료, 전화당을 섞는다. 바닐라빈의 씨를 긁어낸다. 음료와 전화당 혼합물에 바닐라를 넣고, 마가린을 넣는다. 이 혼합물을 끓인다. 불을 끄고, 냄비 뚜껑을 덮고 15분 우린 후, 바닐라빈을 꺼낸다. 믹싱볼에 초콜릿과 헤이즐넛 퓌레를 넣고 따로 둔다. 다른 냄비에 설탕으로 건조 캐러멜을 만든다. 캐러멜이 호박색이 되면 뜨거운 음료, 전화당, 마가린 혼합물을 조금씩 부으며 잘 섞는다. 이 혼합물이 고르게 잘 섞였으면, 초콜릿과 헤이즐넛 퓌레에 붓는다. 핸드 블렌더로 유화하고, 플뢰르 드 셀을 넣는다. 가나슈를 랩으로 덮고 식힌 다음, 최소 2시간 냉장 보관한다.

카카오 미러 글레이즈
대두 음료 100g
생수 100g
가루 설탕 125g
100% 탈지 카카오 가루 40g
카카오버터 (발로나®) 15g
NH95 펙틴 9g

설탕 2큰술을 덜어 펙틴과 섞는다. 그릇에 카카오 가루와 카카오버터를 넣는다. 냄비에 대두 음료, 물, 남은 설탕을 넣고 끓인다. 냄비에 설탕과 펙틴 혼합물을 조금씩 넣고 펙틴이 완전히 녹을 때까지 약불로 잠시 끓이면서 섞는다. 불을 끄고 뜨거운 혼합물을 카카오 가루와 카카오버터 혼합물에 붓고 핸드 블렌더로 유화한다. 조리된 글레이즈를 랩으로 밀착해 덮고, 주기적으로 섞으며 식힌다. 글레이즈가 40℃가 되면 사용할 준비가 되었다.

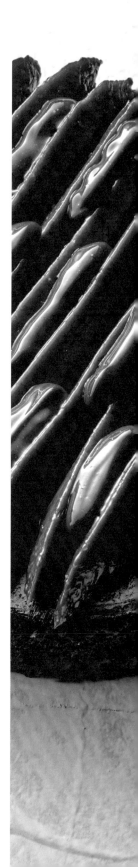

조립과 마무리
카카오 미러 글레이즈 200g

작은 생토노레 깍지를 장착한 짤주머니에 캐러멜 헤이즐넛 초콜릿 가나슈를 넣는다. 퐁당 표면 전체에 가나슈를 평행선으로 짠다. 카카오 미러 글레이즈를 섞어 매끄럽고 부드럽게 만든 후, 짤주머니에 넣는다. 가나슈 평행선 사이에 점선으로 반짝이는 글레이즈를 짠다. 케이크를 냉장 보관하고, 먹기 15분 전에 꺼낸다.

참고 : 스팀 조리법은 반쯤 익힌 케이크가 연상되는 살살 녹는 질감을 만들면서, 초콜릿의 모든 향을 보존한다.

디저트

쵸콜릿

그리고 초콜릿 봉봉

초콜릿 중독

초콜릿의 경우 전통 디저트와 식물유래 디저트는 맛과 질감의 차이가 아주 미세해서 이들을 구분하기는 상당히 어렵다. 게다가 거듭 강조하지만 내가 추구하는 것은 맛의 즐거움이지 비교가 아니다. 그럼에도 불구하고 우리의 미각은 수십 년 동안 동물유래 지방이 주는 맛에 길들었기 때문에 맛을 볼 때 본능적으로 그 맛을 참조하지 않기란 어려운 일이다.

여러 재료 중 버터는 초콜릿 레시피에서 향을 돋우는 데 도움을 주고, 버터의 맛은 우리가 강조하고 싶은 재료의 맛에도 영향을 미친다. 버터를 제외하면 초콜릿의 맛은 맑고 순수하게 달라진다.

밸런스를 맞추기 위해 사용되는 식용유와 식물성 음료는 가나슈, 무스, 페이스트, 비스킷 등 매우 다양한 질감을 만들 수 있다. 식용유와 마찬가지로 귀리, 대두, 코코넛, 아몬드 등 식물성 음료의 다채로운 풍미는 매우 훌륭한 이점이다. 식물성 크림의 경우 좀 더 중성적인 맛의 지방이 필요한 레시피에 사용할 수 있다.

반죽의 경우 원하는 반죽의 맛과 구조에 따라 마가린, 식물성 식용유, 분말 믹스 등을 선택해서 레시피에 활용할 수 있다. 때로는 여러 가지 재료를 혼합해야 할 필요가 있기 때문에 제조가 복잡할 수 있고, 식감이 달라져서 더 단단하지만 더 바삭하고 여전히 맛있으며, 훨씬 건강한 음식이 된다.

여기서 소개하는 비건 레시피들에서 초콜릿은 더 강렬하고, 더 독특한, 본연의 맛에 훨씬 더 가까운 또 다른 모습을 보여준다.

메밀 초콜릿 타르트

나는 이 미공개 레시피를 통해 여러분에게 글루텐프리 타르트를 소개하고 싶어서 메밀을 재료로 선택했다. 비건 반죽의 업그레이드된 바삭함, 메밀 프랄린, 부드러운 가나슈가 대조적인 질감을 만든다.

피에르 에르메

6~8인분 타르트 2개

준비
6시간
휴지
12시간
조리
1시간 30분

메밀 스위트 반죽
탈취 코코넛오일 45g
카카오버터 (발로나®) 45g
슈거파우더 110g
게랑드 플뢰르 드 셀 2g
메밀가루 220g
아몬드 가루 80g
생수 55g

탈취 코코넛오일과 카카오버터를 녹이고, 온도계 혹은 전자온도계로 측정해 30~35℃로 만든다. 플랫비터를 장착한 블렌더 컨테이너에 아몬드 가루, 플뢰르 드 셀, 슈거파우더를 넣고, 30℃로 녹인 코코넛오일과 카카오버터 혼합물을 붓는다. 잘 섞이도록 반죽하고 (40℃로 데운) 생수를 붓는다. 메밀가루를 넣는다. 트레이에 꺼내 놓고, 랩으로 밀착해 덮은 후, 2시간 냉장 보관한다.
덧가루를 살짝 뿌린 작업대에서 약 2~3㎜ 두께로 반죽을 펼친다. 직경 27㎝ 원형틀을 이용해 반죽을 둥그렇게 2개로 나눈다. 트레이에 반죽을 놓고 30분 냉장 보관한다. 직경 21㎝ 높이 2㎝의 스테인리스 원형틀에 기름칠을 한 후, 반죽을 틀 바닥에 깔고, 남는 반죽은 잘라낸다. 원형틀에 깐 반죽을 1시간 냉장 보관 후, 최소 2시간 냉동 보관한다. 컨벡션 오븐을 250℃로 예열한다. 반죽을 오븐에 넣기 전 오븐의 온도를 170℃로 낮춘다.
유산지를 깐 오븐팬에 타르트 셸을 놓고, 알루미늄포일이나 유산지를 덮고 말린 강낭콩을 채운다. 170℃에서 25분 정도 굽는다. 오븐에서 꺼내 식힌 후, 말린 강낭콩과 알루미늄포일을 제거한다.

구운 메밀
메밀 350g

유산지를 깐 오븐팬에 메밀이 겹치지 않게 주의하며 펼쳐놓는다. 컨벡션 오븐에 넣고 메밀이 황금빛을 띠며 바삭해질 때까지 160°C로 15분 굽는다. 식힌다.

홈메이드 아몬드 메밀 프랄린
가루 설탕 125g
생수 40g
화이트 아몬드 100g
구운 메밀 100g
포도씨유 40g
게랑드 플뢰르 드 셀 1.5g

유산지를 깐 오븐팬에 아몬드가 겹치지 않도록 주의하며 펼쳐놓는다. 컨벡션 오븐에 넣고 160°C로 15분 굽는다. 냄비에 설탕과 물을 넣어 끓이고, 온도계 혹은 전자온도계로 측정해 121°C로 만든다. 끓인 설탕을 여전히 따뜻한 구운 아몬드와 메밀에 붓는다. 나무 주걱을 사용해 부드럽게 섞으며 펼친 후 캐러멜 색이 될 때까지 중불에서 굽는다. 눌음방지 실리콘 매트에 꺼내 식힌다. 크게 잘라서 블렌더 컨테이너에 넣는다. 플뢰르 드 셀과 포도씨유를 넣고 블렌더를 작동해 반죽을 만든다. 반죽은 굵은 입자가 남아 있도록 너무 곱게 갈지 않는다.

참고 : 캐러멜을 입힌 아몬드는 식자마자 부수고 빻아서 사용해야 한다. 일단 캐러멜을 입히면 습기를 흡수하고 프랄린의 상태가 변질되기 때문에 저장할 수 없다.

다크 초콜릿 가나슈

귀리 음료 320g
전화당 60g
글루코스 시럽 80g
감귤류 섬유질 2g
다크 초콜릿
(발로나® 카카오 64%, 앙파마키아) 400g
탈취 코코넛오일 50g

초콜릿을 잘게 자른다. 냄비에 귀리 음료, 전화당, 글루코스 시럽, 감귤류 섬유질을 넣고 끓인 후, 잘게 자른 초콜릿에 세 번에 나눠 붓는다. 중앙에서 시작해 점점 크게 원을 그리듯 저으며 섞는다. 탈취 코코넛오일을 넣고 핸드 블렌더로 섞어 유액을 만든다. 그라탱 용기에 붓고 랩으로 밀착해 씌워 식힌 후, 사용하기 전까지 12시간 냉장 보관하며 굳힌다.

카카오 닙스와 메밀 누가

글루코스 시럽 50g
가루 설탕 150g
카놀라유 혹은 포도씨유 65g
생수 50g
NH 펙틴 2.5g
카카오 닙스 50g
구운 메밀 100g
감귤류 섬유질 2.5g
게랑드 플뢰르 드 셀 1g

냄비에 물과 글루코스 시럽을 녹여 온도계 혹은 전자온도계로 측정해 45~50℃로 만든다. 설탕, 펙틴 혼합물을 넣고 끓인 후, 온도계 혹은 전자온도계로 측정해 106℃로 만든다. 기름과 감귤류 섬유질을 넣고 핸드 블렌더로 유화한다. 카카오 닙스와 메밀, 플뢰르 드 셀을 넣는다. 유산지 2장을 깔고 누가를 여러 덩이로 나누어놓은 후, 나무 주걱을 이용해 펼친다. 여러 덩이로 나누어놓은 누가를 유산지로 덮고 밀대로 밀어 펼친다. 랩으로 덮어 최소 2시간 냉동 보관한다. 랩을 걷고 냉동 상태의 누가를 유산지와 함께 반으로 자른다. 오븐팬에 눌음방지 실리콘 매트를 깔고 반으로 자른 누가를 놓은 후, 컨벡션 오븐에서 170℃로 18~20분 굽는다. 식혀서 바로 사용하거나 밀폐용기에 넣어 상온에 둔다.

메밀 크럼블

아몬드 가루 96g
메밀가루 92g
가루 설탕 72g
게랑드 플뢰르 드 셀 2g
탈취 코코넛오일 72g
생수 26g
구운 메밀 20g

탈취 코코넛오일을 녹이고 온도계 혹은 전자온도계로 측정해 30~35℃로 만든다. 플랫비터를 장착한 블렌더 컨테이너에 아몬드 가루, 플뢰르 드 셀, 설탕, 미리 체에 친 메밀가루를 넣고 30℃로 녹인 기름을 붓는다. 고르게 잘 섞어 반죽한 후, (40℃로 데운) 생수와 구운 메밀을 넣는다. 반죽을 꺼내 접시에 놓고 2시간 냉장 보관한다. 구멍이 큰 체에 반죽을 눌러 통과시킨다. 밀폐용기에 넣어 냉장 혹은 냉동 보관한다. 오븐팬에 유산지를 깔고 크럼블이 겹치지 않도록 주의하며 펼쳐놓는다. 오븐팬을 오븐에 넣고 크럼블이 노릇해질 때까지 컨벡션 오븐에서 160℃로 20분 굽는다. 식힌다.

조립과 마무리

스위트 반죽의 바닥에 홈메이드 아몬드 메밀 프랄린 160g을 채우고, 구운 메밀을 뿌린 후, 다크 초콜릿 가나슈를 가득 채운다. 냉장 보관하며 굳힌다. 가나슈가 굳으면 남은 구운 메밀을 뿌리고 크럼블 조각과 누가 조각들을 흩뿌린다. 먹을 때까지 냉장 보관한다.

에콰도르 퓨어 오리진 초콜릿 타르트

나는 이 타르트를 만들며 나의 친구 피에르 이브 콩트(Pierre-Yves Comte)가 생산하는 에콰도르 퓨어 오리진 아시엔다 엘레오노르 초콜릿의 농도와 깊이를 잘 표현하려고 노력했다. 초콜릿과 귀리 음료로 만든 풍부하게 부푼 가벼운 샹티이 크림과 어우러진 초콜릿 케이크는 질감과 순수한 맛이 대비되는 내가 좋아하는 디저트다.

피에르 에르메

6~8인분 타르트 2개

준비
6시간
휴지
14시간
조리
45분

**에콰도르 퓨어 오리진
다크 초콜릿 가나슈
(하루 전 준비)**

귀리 음료 320g

전화당 60g

글루코스 시럽 80g

감귤류 섬유질 2g

다크 초콜릿
(발로나® 카카오 64%, 에콰도르 퓨어 오리진
아시엔다 엘레오노르) 400g

탈취 코코넛오일 50g

다크 초콜릿을 잘게 자른다. 냄비에 귀리 음료, 전화당, 글루코스 시럽, 감귤류 섬유질을 넣고 끓인 후, 세 번에 나눠 초콜릿에 붓고 중앙에서부터 점점 크게 원을 그려 저으며 섞는다. 탈취 코코넛오일을 붓고 핸드 블렌더로 유액을 만든다. 그라탱 용기에 옮겨 담은 후, 랩으로 밀착해 씌워 식히고, 12시간 냉장 보관하며 굳힌다.

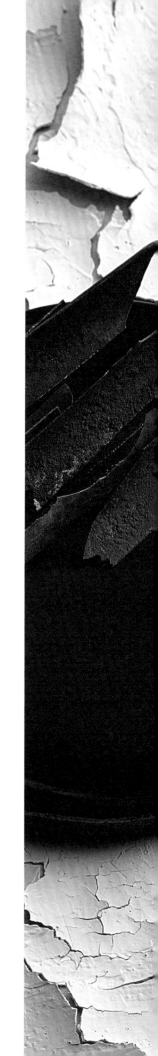

에콰도르 퓨어 오리진 초콜릿 샹티이 크림 (하루 전 준비)

귀리 음료 335g
다크 초콜릿
(발로나® 카카오 64%, 에콰도르 퓨어 오리진
아시엔다 엘레오노르) 200g

다크 초콜릿을 잘게 자른다. 냄비에 귀리 음료를 붓고 끓인 후, 초콜릿을 넣는다. 중앙에서부터 점점 크게 원을 그려 저으며 섞는다. 핸드 블렌더로 모두 섞는다. 그라탱 용기에 옮겨 담고, 랩으로 밀착해 덮은 후 식히고, 12시간 냉장 보관하며 굳힌다.

스위트 반죽

탈취 코코넛오일 35g
카카오버터 (발로나®) 35g
슈거파우더 90g
게랑드 플뢰르 드 셀 2g
밀가루 235g
아몬드 가루 80g
생수 75g

탈취 코코넛오일과 카카오버터를 녹이고, 온도계 혹은 전자온도계로 측정하며 30~35℃로 만든다. 플랫비터를 장착한 블렌더 컨테이너에 아몬드 가루, 플뢰르 드 셀, 슈거파우더를 넣고, 30℃로 만든 오일, 카카오버터 혼합물을 붓는다. 고르게 잘 섞어 반죽한 후, (40℃로 데운) 생수를 붓는다. 미리 체로 거른 밀가루를 넣는다. 반죽을 접시에 옮겨 담고, 랩으로 밀착해 덮은 후, 2시간 냉장 보관한다.
덧가루를 살짝 뿌린 작업대에서 반죽을 2~3mm 두께로 편다. 원형틀을 이용해 직경 12cm 원형 10개로 나눈다. 트레이에 옮겨놓고 틀에 담기 전까지 30분 냉장 보관한다. 직경 8cm, 두께 2cm의 스테인리스 원형틀 10개에 기름칠을 하고, 반죽을 틀에 맞춰 넣은 후, 남는 부분은 잘라낸다. 1시간 냉장 보관 후, 최소 2시간 냉동 보관한다. 컨벡션 오븐을 250℃로 예열한다. 유산지를 깐 오븐팬에 반죽을 놓고 알루미늄포일이나 유산지로 덮은 후, 말린 콩을 올려 누르고 170℃로 온도를 낮춘 오븐에 넣는다. 170℃에서 20분 굽는다. 오븐에서 꺼내 식힌 후, 말린 콩과 알루미늄포일을 제거한다. 스테인리스 원형틀은 다른 재료들과 결합을 위해 그대로 둔다.

카카오 닙스 크리스피 프랄린

탈취 코코넛오일 22g
아몬드 프랄린 (아몬드 60%) 192g
퓨어 카카오 페이스트
(발로나® 카카오 100%) 48g
카카오 닙스 (발로나®) 40g

탈취 코코넛오일과 카카오버터를 녹이고 온도계 혹은 전자온도계로 측정해 45℃로 만든다. 믹싱볼에 아몬드 프랄린을 넣어 섞고, 탈취 코코넛오일, 녹인 퓨어 카카오 페이스트 카카오 닙스를 넣는다. 바로 사용하거나 타르트에 결합할 때까지 보관한다.

초콜릿 사보이아르디 (레이디핑거쿠키)

생수 125g
가루 설탕 125g
감자 단백질 10g
잔탄검 0.37g
해바라기유 / 카놀라유 / 포도씨유 (선택) 25g
밀가루 37.5g
감자전분 37.5g
베이킹파우더 5g
카카오 가루 (발로나®) 25g

밀가루, 감자전분, 베이킹파우더, 카카오 가루를 모두 체로 친다. 핸드 블렌더로 감자 단백질, 잔탄검, 생수를 섞는다. 거품기를 장착한 블렌더 컨테이너에 이 혼합물을 넣고 설탕을 조금씩 부으며 단단한 머랭을 만든 후, 기름을 조금 넣고 몇 초 더 섞는다. 블렌더를 정지하고 컨테이너를 분리한 후, 실리콘 주걱을 사용해 체 친 가루 혼합물을 머랭에 붓고 들어 올리듯 조심스럽게 섞는다. 이 준비물은 바로 사용한다. 유산지를 깐 오븐팬에 초콜릿 사보이아르디 반죽을 펼쳐놓는다. 컨벡션 오븐에서 180℃로 14분 굽는다. 오븐에서 꺼내 그릴로 옮겨 식힌다.

초콜릿 시럽

생수 100g
가루 설탕 100g
퓨어 카카오 페이스트
(발로나® 카카오 100%) 25g

톱칼을 사용해 퓨어 카카오 페이스트를 다진다. 냄비에 물과 설탕을 넣고 끓인 후, 다진 퓨어 카카오 페이스트를 넣고 핸드 블렌더로 섞는다. 바로 사용한다.

초콜릿 사보이아르디와 초콜릿 시럽

초콜릿 시럽을 데우고, 온도계 혹은 전자온도계로 측정해 40℃로 만든다. 붓으로 초콜릿 사보이아르디 반죽에 시럽을 충분히 적시고 30분 냉장 보관한다. 직경 18cm 스테인리스 원형틀을 사용해 2개의 원형으로 나누고, 타르트 조합을 위해 보관한다.

둥근 초콜릿 샹티이와 시럽에 적신 초콜릿 사보이아르디

플랫비터를 장착한 블렌더 컨테이너에 초콜릿 샹티이 크림을 넣고 휘젓는다. 스테인리스 트레이에 눌음방지 실리콘 매트를 깔고 직경 20cm, 높이 1.5cm인 실리콘 틀을 놓는다. 높이의 3/4까지 샹티이 크림을 채우고, 시럽에 적신 둥근 사보이아르디를 올린 후 평평하고 매끄럽게 다듬는다. 둥근 사보이아르디가 단단해질 때까지 4시간 냉동시킨다. 잘 냉동이 되었다면 실리콘 틀을 제거하고 둥근 사보이아르디를 랩으로 싸서 타르트를 조합할 때까지 냉동 보관한다.

다크 초콜릿 나파주

다크 초콜릿
(발로나® 카카오 64%, 에콰도르 퓨어 오리진
아시엔다 엘레오노르) 92g
뉴트럴 나파주 150g
생수 55g
탈취 코코넛오일 17g
X58 펙틴 1.6g
가루 설탕 1.5g
액상 해바라기 레시틴 0.3g

중탕으로 초콜릿을 녹인다. 냄비에 뉴트럴 나파주를 녹이고, 온도계 혹은 전자온도계로 측정해 40℃로 만든다. 생수를 데우고 온도계 혹은 전자온도계로 측정해 40℃로 맞춘 후, 거품기로 빨리 저어 펙틴과 혼합한 설탕을 붓고 끓인다. 탈취 코코넛오일을 붓고 핸드 블렌더로 섞는다. 이 혼합물을 녹인 뉴트럴 나파주에 붓고 섞는다. 이 혼합물을 녹인 초콜릿에 붓고 레시틴을 넣는다. 나파주가 매끄럽게 되도록 잘 섞는다. 곧바로 사용하거나 밀폐용기에 넣어 냉장 보관한다.

장식용 다크 초콜릿

다크 초콜릿
(발로나® 카카오 64%, 에콰도르 퓨어 오리진
아시엔다 엘레오노르) 200g
카카오 가루 (발로나®) 적당량

다크 초콜릿이 부드러우면서 광택이 나고 안정되도록 다음과 같이 템퍼링을 한다. 톱칼로 초콜릿을 잘게 잘라 용기에 넣고, 초콜릿이 담긴 용기를 냄비에 넣어 중탕으로 녹인다. 50~55℃가 될 때까지 나무 숟가락으로 부드럽게 젓는다. 초콜릿이 든 용기를 중탕냄비에서 꺼낸다. 얼음을 너덧 개 넣은 차가운 물이 든 용기에 초콜릿이 든 용기를 놓는다. 용기 가장자리부터 초콜릿이 굳기 시작하므로 가끔씩 녹인 초콜릿을 젓는다. 초콜릿의 온도가 27~28℃가 되면, 다시 초콜릿이 든 용기를 중탕냄비로 옮겨 주의해서 지켜보며 31~32℃로 만든다.
유산지 위에 4㎝ 폭으로 비닐 띠지를 잘라 놓고, 그 위에 템퍼링한 초콜릿을 얇게 펴놓은 후, 카카오 가루를 체로 쳐서 뿌리고 뷔슈틀에 놓는다. 18℃에서 2시간 굳힌 후, 사용할 때까지 18℃로 보관한다.

조립과 마무리

스위트 반죽의 바닥에 카카오 닙스 크리스피 프랄린 160g를 펼쳐놓고, 초콜릿 가나슈를 얇게 채운다. 1~2시간 냉장 보관하며 굳힌다. 트레이에 그릴을 놓고 둥근 샹티이 크림과 시럽에 적신 초콜릿 사보이아르디를 올린 후, 40℃의 초콜릿 나파주를 바르고, 나무 주걱으로 매끄럽게 다듬는다. 조심히 굳은 가나슈 위에 놓는다. 장식용 다크 초콜릿 6개도 올린다. 먹기 직전까지 냉장 보관한다.

로얄 프랄린 초콜릿

'로얄(루아얄)'은 상당히 진한 맛의 전통 초콜릿 디저트이다. 나는 글루텐프리 버전으로 초콜릿의 진한 맛을 유지하면서 훨씬 더 경쾌한 맛을 표현하고 싶었다

린다 봉다라

로얄 프랄린 초콜릿 12개

준비
2시간
휴지
3시간
조리
25분

소프트 비스킷
현미(5분도미) 가루 140g
구운 헤이즐넛 가루 60g
감자전분 60g
병아리콩 가루 20g
귀리 가루 20g
베이킹파우더 16g
가루 설탕 160g
탈취 코코넛오일 80g
포도씨유 80g
대두 음료 160g
레몬즙 ½ts
코팅용 녹인 초콜릿 100g
게랑드 플뢰르 드 셀 1꼬집

작은 냄비에 탈취 코코넛오일을 넣고 약불로 녹인다. 여기에 포도씨유를 섞고 상온 보관한다. 믹싱볼에 대두 음료와 레몬즙을 섞는다. 믹싱볼의 액체 혼합물에 가루 설탕을 넣고 거품기로 저어 녹인다. 현미(5분도미) 가루, 병아리콩 가루, 귀리 가루와 감자전분, 베이킹파우더를 전부 체에 치고 믹싱볼의 액체 혼합물에 부으며 잘 섞는다. 반죽이 수분을 잘 머금도록 적어도 20분 둔다. 반죽에 기름을 조금씩 부으며 거품기로 잘 섞어 마요네즈를 만든다. 헤이즐넛 가루와 플뢰르 드 셀을 섞고 마무리한다. 반죽은 덩어리 없이 잘 섞여야 한다. 컨벡션 오븐을 200°C로 예열한다. 오븐팬에 유산지를 깔고 반죽을 놓는다. L자 스패출러로 표면을 매끄럽게 다듬고, 비스킷이 노릇해지도록 10분 굽는다. 비스킷을 식힌 후, 직경 5cm 쿠키커터를 사용해 12개로 나눈다. 쿠키에 전자레인지로 미리 녹인 초콜릿을 붓으로 얇게 바른다. 다른 조각과 결합할 때까지 냉장 보관한다.
남은 비스킷은 비스코트처럼 노릇하게 완전히 건조될 때까지 170°C의 오븐에서 10분 건조한다. 건조한 비스킷은 크리스피 프랄린 비스킷으로 사용된다.

크리스피 프랄린 비스킷

다크 초콜릿
(발로나® 카카오 64%) 65g
프랄린
(아몬드 50%, 헤이즐넛 50%) 250g
헤이즐넛 페이스트
(헤이즐넛 100%) 60g
탈취 코코넛오일 12g
게랑드 플뢰르 드 셀 3g
건조 크리스피 비스킷 조각 50g

밀대로 비스킷을 부순다. 탈취 코코넛오일과 초콜릿을 중탕으로 녹인 후, 프랄린과 퓨어 헤이즐넛 페이스트, 플뢰르 드 셀, 크리스피 비스킷을 넣는다. 잘 섞는다. 이 혼합물을 직경 5㎝ 원형틀에 붓고, 그 위에 녹인 초콜릿을 입힌 비스킷을 놓는다. 다른 조각과 조합할 때까지 냉동 보관한다.

초콜릿 무스

다크 초콜릿
(발로나® 카카오 64%) 300g
귀리 음료 400g
대두 음료 125g
마가린 180g
화이트 융고* 60g
가루 설탕 40g
옥수수전분 15g
아가르 아가르 분말 2.5g
직경 6.5㎝ 높이 4.5㎝ 원형틀 12개

초콜릿을 잘게 다진다. 냄비에 옥수수전분, 아가르 아가르, 식물성 음료를 넣고 거품기로 잘 섞는다. 거품기로 저으면서 이 혼합물을 끓인 후, 잘게 다진 초콜릿에 부어 초콜릿을 녹인다. 마가린을 넣고 덩어리지지 않게 핸드 블렌더로 잘 섞는다. 이 혼합물을 35℃로 식히고, 융고에 설탕을 조금씩 첨가하며 섞는다. 이때 거품기 날에 묻은 머랭이 떨어지지 않을 정도로 단단해야 한다. 먼저 융고와 설탕으로 만든 머랭의 1/3을 초콜릿 혼합물에 부으며 머랭이 가라앉지 않도록 거품기를 위에서 아래로 움직이며 섞고, 남은 머랭도 조금씩 조심스럽게 무스에 섞는다. 트레이에 유산지를 깔고, 비닐을 덧댄 직경 6.5㎝ 높이 4.5㎝ 크기의 스테인리스 원형틀 12개를 놓는다. 틀의 3/4까지 무스를 채운다. 작은 스패출러로 무스를 가장자리까지 고르게 펼쳐놓는다. 소프트 비스킷과 크리스피 프랄린 비스킷을 틀에서 빼서 무스 위에 얹는다. 비스킷을 틀의 위까지 채운다. 최소 2시간 냉동 보관한다.

* yumgo : 채식주의자를 위한 달걀 대체제. 식료품점에 가면 분말 형태로된 것, 액체로 된 것 등을 구할수 있는데 이 책에서는 액체 융고를 사용한다.

카카오 미러 글레이즈

대두 음료 200g
생수 200g
가루 설탕 250g
100% 탈지 카카오 가루 80g
카카오버터 (발로나®) 30g
NH95 펙틴 18g

설탕 2스푼을 덜어 펙틴과 섞는다. 그릇에 카카오 가루와 카카오버터를 넣는다. 냄비에 대두 음료, 물, 남은 설탕을 넣고 끓인다. 약불로 줄여 냄비에 설탕, 펙틴 혼합물을 조금씩 부으면서 펙틴이 완전히 녹을 때까지 저으며 끓인다. 불을 끄고 뜨거운 혼합물을 카카오 가루와 카카오버터 혼합물에 붓고 핸드 블렌더로 덩어리지지 않게 잘 섞는다. 글레이즈를 밀착해서 랩으로 덮고, 중간중간 섞으며 식힌다. 글레이즈의 온도가 40℃가 되면 사용해도 된다.

조립과 마무리

프랄린
(아몬드 50%와 헤이즐넛 50%) 150g
속껍질을 벗기지 않은 구운 헤이즐넛 18개

냉동실에서 초콜릿 무스를 꺼내고 틀을 제거한다. 과도한 글레이즈를 받을 수 있게 트레이에 그릴을 놓고 그 위에 초콜릿 무스를 놓는다. 미니 케이크에 글레이즈를 붓고 굳을 때까지 기다린다. 글레이즈가 굳으면 그 위에 약간의 프랄린을 올린다. 반으로 자른 헤이즐넛과 헤이즐넛 속껍질로 장식한다. 냉장고에서 로얄 프랄린 초콜릿을 완전히 해동하고 먹기 전까지 보관한다.

참고 : 남은 미러 글레이즈는 15일까지 냉장 보관 가능하다. 미러 글레이즈는 소프트 초콜릿 케이크(63쪽)와 스팀 초콜릿 퐁당(76쪽)의 장식으로 사용할 수 있다.

플뢰르 드 카시스 디저트

이 케이크는 2020년 니콜라 클루아조(Nicolas Cloiseau)와 내가 협업할 때 고안한 것이다. 출발은 내가 좋아하는 라 메종 뒤 쇼콜라의 블랙커런트 다크 초콜릿 가나슈였다. 이 조화로운 맛에서 플뢰르 드 카시스(블랙커런트)를 사용할 영감을 얻었다. 플뢰르 드 카시스 디저트는 질감이 다양하며, 동물 유래 지방의 부재로 풍미가 더 살아났다.

피에르 에르메

6~8인분

준비
6시간
휴지
12시간
조리
45분

글루텐프리 혼합 곡물 가루
현미(5분도미) 가루 100g
옥수수전분 60g
감자전분 20g
아몬드 가루 20g

모든 재료를 체에 친다.

블랙커런트 페퍼 크럼블

마가린 70g
사탕무 설탕 70g
글루텐프리 혼합 곡물 가루 70g
블랙커런트 페퍼 0.15g (한 꼬집)
게랑드 플뢰르 드 셀 0.15g (한 꼬집)
아몬드 가루 55g
굵은 옥수수 가루 15g

플랫비터를 장착한 블렌더 컨테이너에 재료들을 순서대로 넣고 섞는다. 랩으로 씌워 2시간 냉장 보관한다. 덧가루를 살짝 뿌린 작업대에서 밀대로 밀어 크럼블 반죽을 5㎜ 두께로 펼친다. 반죽을 포크로 찍은 후, 컨벡션 오븐에서 165°C로 25분 굽는다. 오븐에서 꺼내 스테인리스 원형틀을 사용해 직경 18㎝ 원형으로 만든다.

초콜릿 비스킷

감자 단백질 10g
잔탄검 1.5g
생수 300g
가루 설탕 170g
아몬드 가루 85g
글루텐프리 혼합 곡물 가루 90g
카카오 가루 40g
베이킹파우더 12g
포도씨유 100g

글루텐프리 혼합 곡물 가루, 베이킹파우더, 카카오 가루를 모두 체에 친다. 핸드 블렌더로 감자 단백질, 잔탄검과 생수를 섞는다. 중속으로 1분 섞은 후, 설탕을 넣고 30초 더 섞는다. 실리콘 주걱으로 섞으며 체에 친 혼합 가루와 아몬드 가루를 넣고, 포도씨유를 조금씩 붓는다.
유산지를 깐 오븐팬에 비스킷을 불규칙하게 펼쳐놓는다. 컨벡션 오븐에서 170°C로 20분 굽는다. 식힌 후, 직경 18㎝ 원형으로 자른다.

블랙커런트 초콜릿 가나슈

블랙커런트 퓌레 100g
레드커런트 퓌레 20g
블랙커런트 페퍼 1g
생수 50g
생레몬즙 10g
다크 초콜릿
(발로나® 카카오 64%, 에콰도르 퓨어 오리진
아시엔다 엘레오노르) 100g
마가린 40g

전자레인지를 이용하거나 혹은 중탕으로 초콜릿을 녹인다. 냄비에 블랙커런트 퓌레, 레드커런트 퓌레, 생수, 레몬즙, 블랙커런트 페퍼를 넣고 데운다. 이 혼합물에 녹인 초콜릿을 조금씩 섞는다. 이 혼합물은 윤기가 돌며 부드럽고 고르게 잘 섞여야 하며, 묽어 보여야 한다. 식힌다. 가나슈가 40°C가 되면 실리콘 주걱으로 부드럽게 저으면서 마가린을 넣는다. 핸드 블렌더로 섞는다. 약간 식힌 후 사용한다.

블랙커런트 콩포트

블랙커런트 퓌레 110g

레드커런트 퓌레 20g

가루 설탕 20g

NH 펙틴 4g

블랙커런트 퓌레와 레드커런트 퓌레를 냄비에 넣고 50℃로 데운 후, 펙틴, 설탕 혼합물을 넣고 끓인다. 사용하기 전까지 냉장 보관하며 식힌다.

원형 초콜릿 비스킷, 초콜릿 블랙커런트 가나슈, 블랙커런트 콩포트

시럽에 절인 블랙커런트 50g

트레이에 유산지를 깔고 직경 18㎝의 스테인리스 원형틀을 놓는다. 원형 초콜릿 비스킷을 놓고, 초콜릿 블랙커런트 가나슈를 펴 바른다. 냉장 보관하며 굳힌 후 원형 비스킷을 뒤집을 수 있도록 냉동 보관한다. 비스킷의 반대쪽에 블랙커런트 콩포트를 부어 펴 바른 후, 시럽에 절인 블랙커런트 50g을 흩뿌린다. 3시간 냉동 보관한 후, 다른 재료와 결합할 때까지 랩으로 싸서 냉동 보관한다.

다크 초콜릿 무스

가루 설탕 10g

옥수수전분 6g

귀리 음료 185g

탈취 코코넛오일 5g

다크 초콜릿

(발로나® 카카오 64%, 에콰도르 퓨어 오리진 아시엔다 엘레오노르) 270g

생수 170g

감자 단백질 5g

잔탄검 2g

핸드 블렌더로 생수, 감자 단백질, 잔탄검을 섞는다. 20분 냉장 보관하고, 거품기를 장착한 블렌더를 중속으로 작동해 이 혼합물을 단단하게 부풀린다. 전자레인지나 중탕으로 초콜릿을 녹여 50~55℃로 만든다. 냄비에 설탕, 옥수수전분, 귀리 음료를 넣고 섞은 후, 탈취 코코넛오일을 넣고 끓인다. 녹인 초콜릿을 세 번에 나눠 붓는다. 거품기로 단단하게 부풀린 감자 단백질에 이 혼합물을 넣는다.

다크 초콜릿 나파주

다크 초콜릿

(발로나® 카카오, 에콰도르 퓨어 오리진 아시엔다 엘레오노르) 70g

뉴트럴 나파주 120g

생수 42g

탈취 코코넛오일 12.9g

잔탄검 0.5g

전자레인지를 이용하거나 중탕으로 초콜릿을 녹여 45~50℃로 만든다. 45℃로 데운 생수, 녹인 탈취 코코넛오일, 잔탄검을 차례대로 붓는다. 핸드 블렌더를 1분 작동해 잘 섞어 덩어리 없는 혼합물을 만든다. 이 혼합물을 다시 45℃로 데우고, 녹인 초콜릿에 붓는다. 미리 데운 뉴트럴 나파주를 첨가한다. 잘 섞어 덩어리 없이 매끄러운 나파주를 만든다.

다크 초콜릿 페탈

다크 초콜릿
(발로나® 카카오 64%) 200g

다크 초콜릿이 부드러우면서 광택이 나고 안정되도록 다음과 같이 템퍼링을 한다. 톱칼로 초콜릿을 잘게 잘라 용기에 넣고, 초콜릿이 담긴 용기를 냄비에 넣어 중탕으로 녹인다. 50~55℃가 될 때까지 나무 숟가락으로 부드럽게 젓는다. 초콜릿이 든 용기를 중탕냄비에서 꺼낸다. 얼음을 너덧 개 넣은 차가운 물이 든 용기에 초콜릿이 든 용기를 놓는다. 용기 가장자리부터 초콜릿이 굳기 시작하므로 가끔씩 녹인 초콜릿을 젓는다. 초콜릿의 온도가 27~28℃가 되면, 다시 초콜릿이 든 용기를 중탕냄비로 옮겨 주의해서 지켜보며 31~32℃로 만든다. 이제 초콜릿 템퍼링이 끝났다.

작업대에 넓은 판을 놓고 40 x 4㎝ 크기의 비닐을 깐다. 전자레인지나 중탕으로 미리 녹인 초콜릿을 깍지가 없는 짤주머니에 넣고 물방울 모양으로 짠 후, 40 x 4㎝ 크기의 비닐로 덮고, 손가락으로 눌러 꽃잎 모양을 만든다. 초콜릿이 놓인 판을 꺼내 초콜릿 페탈(꽃잎)이 든 비닐을 뷔슈 틀이나 튈 틀에 놓는다.

마무리

수레국화꽃 약간

조립과 마무리

트레이에 유산지를 깔고 직경 20㎝, 높이 4㎝ 크기의 스테인리스 원형틀을 놓는다. 틀 안쪽 가장자리에 4㎝ 높이의 비닐을 두른다. 구운 원형 크럼블을 넣고 깍지 없는 짤주머니로 다크 초콜릿 무스를 얇게 펴 놓는다. 원형 초콜릿 비스킷, 초콜릿 블랙커런트 가나슈, 블랙커런트 콩포트를 놓은 후 무스를 완전히 채우고 L자 스패출러로 매끄럽게 다듬는다. 2시간 냉장 보관하며 굳힌다. 5시간 냉동 보관한 후, 원형틀과 가장자리에 두른 비닐을 제거한다.

그라탱 용기에 그릴을 놓고 냉동된 디저트를 놓는다. 국자로 다크 초콜릿 나파주를 끼얹어 완전히 덮고, L자 스패출러로 넘친 나파주를 제거하며 매끄럽게 다듬는다. 디저트를 서빙 접시에 놓고 3시간 냉장 보관하며 해동한다. 초콜릿 페탈과 말린 수레국화꽃으로 장식한다. 사용할 때까지 냉장 보관한다.

로즈 데 사블르 타르트

로즈 데 사블르 타르트는 협업의 결과로 탄생했다. 매종 뒤 쇼콜라에서 초콜릿을 만들고, 나는 로즈를 만들었다. 장미와 구운 아몬드 향 초콜릿, 그리고 여러 가지 맛이 합쳐지고 어우러진 아몬드 프랄린의 균형은 바삭함과 부드러운 가나슈의 토대에 독특한 맛을 더했다.

피에르 에르메

타르트 10개

준비
6시간
휴지
12시간
조리
20분

**홈메이드 아몬드 프랄린
(하루 전 준비)**
가루 설탕 165g
생수 50g
바닐라빈 3g (2개)
거피 화이트 아몬드 265g

유산지를 깐 오븐팬에 겹치지 않게 아몬드를 펼쳐놓는다. 컨벡션 오븐에 넣고 160°C로 15분 굽는다. 냄비에 설탕과 물을 넣어 끓이고 온도계 혹은 전자온도계로 측정해 121°C로 만든다. 조각 낸 바닐라빈과 여전히 따뜻한 구운 거피 아몬드에 설탕물을 붓는다. 중불로 설탕을 아몬드에 입히며 캐러멜라이징한다. 눌음방지 팬에 부어 식힌다. 굵게 빻은 후, 블렌더로 갈아 페이스트를 만든다. 사용할 때까지 냉장 보관한다. 프랄린은 타르트의 충전물로 혹은 부드러운 크림을 만들 때 사용된다.

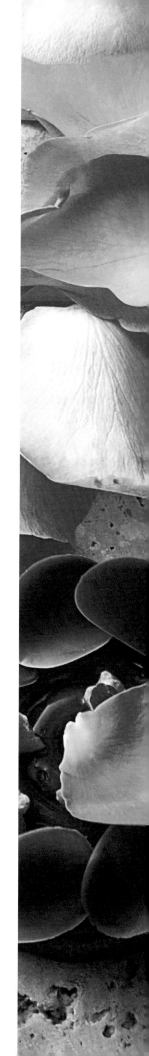

소프트 아몬드 크림
(하루 전 준비)
생수 68g
전화당 6.7g
글루코스 시럽 17g
구운 아몬드 페이스트 88g
홈메이드 아몬드 프랄린 47g
카카오버터 (발로나®) 14g

생수를 데우고 온도계 혹은 전자온도계로 측정해 45℃로 만든다. 전화당과 글루코스 시럽을 넣고 끓인다. 세 번에 나눠 카카오버터, 아몬드 페이스트, 홈메이드 아몬드 프랄린에 붓고, 부을 때마다 저어 섞는다. 핸드 블렌더로 잘 섞어 덩어리 없이 매끈한 크림을 만든다. 그라탱 용기에 붓고 랩으로 밀착해 덮은 후, 사용하기 전 12시간 냉장 보관한다.

스위트 반죽
탈취 코코넛오일 35g
카카오버터 (발로나®) 35g
슈거파우더 90g
게랑드 플뢰르 드 셀 2g
밀가루 235g
아몬드 가루 80g
생수 75g

탈취 코코넛오일과 카카오버터를 녹이고 온도계 혹은 전자온도계로 측정해 30~35℃로 만든다. 플랫비터를 장착한 블렌더 컨테이너에 아몬드 가루, 플뢰르 드 셀, 슈거파우더를 넣고, 30℃로 데운 코코넛오일, 카카오버터 혼합물을 붓는다. 잘 섞이도록 반죽하고 (40℃로 데운) 생수를 붓는다. 미리 체에 친 밀가루를 넣는다. 트레이에 옮겨놓고, 랩으로 밀착하게 덮어 2시간 냉장 보관한다.
덧가루를 살짝 뿌린 작업대에서 반죽을 2~3㎜ 두께로 편다. 원형틀을 사용해 직경 12㎝ 원형 10개로 나눈다. 틀에 넣기 전 오븐팬에 놓고 30분 냉장 보관한다. 직경 8㎝, 높이 2㎝의 스테인리스 원형틀에 기름칠을 하고, 반죽을 넣은 후, 틀 위로 넘친 반죽을 자른다. 1시간 냉장 보관한 후, 최소 2시간 냉동 보관한다. 컨벡션 오븐을 250℃로 예열한 후, 온도를 170℃로 낮추고 타르트를 오븐에 넣는다. 유산지를 깐 오븐팬에 타르트 셀을 놓고, 알루미늄포일 혹은 유산지로 덮고, 말린 콩을 놓는다. 170℃로 20분 굽는다. 오븐에서 꺼내서 식힌 후, 말린 콩과 알루미늄포일을 제거한다. 다음 조립을 위해 스테인리스 원형틀은 그대로 둔다.

로즈 아몬드 밀크 초콜릿 가나슈

아몬드 밀크 초콜릿
(발로나® 카카오 46%, 아마티카) 136g
귀리 음료 136g
천연 로즈 아로마 4g

초콜릿을 잘게 다진다. 귀리 음료를 끓인 후 초콜릿에 붓는다. 중앙에서부터 점점 크게 원을 그려 저으며 섞는다. 천연 로즈 아로마를 첨가하고, 핸드 블렌더로 가나슈를 섞는다. 그라탱 용기에 부은 후 랩으로 밀착해 덮고 사용할 때까지 냉장 보관하며 식힌다.

아몬드 밀크 초콜릿 페탈

아몬드 밀크 초콜릿
(발로나® 카카오 46%, 아마티카) 100g

40 x 4cm 크기의 비닐을 20장 준비한다. 작업대에 비닐을 깔고 전자레인지로 미리 녹인 아몬드 밀크 초콜릿을 깍지 없는 짤주머니에 넣고 0.5g씩 작은 원형으로 10개를 짜놓는다. 40 x 4cm 비닐로 초콜릿을 덮고 손가락으로 눌러 꽃잎 모양을 만든다. 초콜릿이 든 두 장의 비닐을 뷔슈 틀에 놓는다.

조립과 마무리

분홍 장미꽃잎 약간
글루코스 시럽 약간
분쇄한 로즈 프랄린 약간

스위트 반죽 셸에 홈메이드 아몬드 프랄린을 채우고, 로즈 아몬드 밀크 초콜릿 가나슈를 끝까지 채운다. 30분 냉장 보관하며 굳힌다. 가나슈가 굳으면 깍지 없는 짤주머니에 소프트 아몬드 크림을 넣고 나선형으로 짜서 올린다. 분쇄한 로즈 프랄린을 흩뿌리고, 타르트 둘레에 아몬드 밀크 초콜릿 페탈 8~10장을 놓는다. 그 위에 글루코스 시럽과 로즈 아로마 한 방울로 풍미를 살린 장미꽃잎을 장식한다. 사용할 때까지 냉장 보관한다.

초콜릿 무스

초콜릿 무스는 추억 돋는 보편적인 디저트이다. 여기에서는 내가 좋아하는 크림이 많이 들어 있지만 가벼운 레시피를 소개한다.

린다 봉다라

6~8인분

준비
1시간
휴지
6시간
조리
10분

플뢰르 드 셀 초콜릿 칩
다크 초콜릿
(발로나® 카카오 62%, 사틸리아 누아르) 200g
게랑드 플뢰르 드 셀 3.6g

밀대로 플뢰르 드 셀을 잘게 으깨고, 중간 굵기 혹은 가는 체로 친다. 가장 가는 소금 입자만 보관한다. 초콜릿이 부드러우면서 광택이 나고 안정되도록 다음과 같이 템퍼링을 한다. 톱칼로 초콜릿을 잘게 잘라 용기에 넣고, 초콜릿이 담긴 용기를 냄비에 넣어 중탕으로 녹인다. 50~55°C가 될 때까지 나무 숟가락으로 부드럽게 젓는다. 초콜릿이 든 용기를 중탕냄비에서 꺼낸다. 얼음을 너덧 개 넣은 차가운 물이 든 용기에 초콜릿이 든 용기를 놓는다. 용기 가장자리부터 초콜릿이 굳기 시작하므로 가끔씩 녹인 초콜릿을 젓는다. 초콜릿의 온도가 27~28°C가 되면, 다시 초콜릿이 든 용기를 중탕냄비로 옮겨 주의해서 지켜보며 31~32°C로 만든다. 이제 초콜릿 템퍼링이 끝났다. 여기에 으깬 플뢰르 드 셀을 넣는다. 비닐에 템퍼링한 플뢰르 드 셀 초콜릿을 1cm 두께로 펼쳐놓는다. 비닐로 덮고 누름돌을 올려 초콜릿이 덩어리지며 변형되는 것을 막는다. 최소 1시간 냉장 보관한다. 장식으로 사용할 플뢰르 드 셀 초콜릿을 5~7cm 크기로 굵게 자른다. 밀폐용기에 넣어 냉장 보관한다.

초콜릿 무스

귀리 음료 400g
바닐라 대두 음료 125g
옥수수전분 15g
마가린 180g
액상 화이트 융고 60g
(혹은 아쿠아파바 95g)
사탕수수 황설탕 40g
다크 초콜릿
(발로나® 카카오 62%, 사틸리아 누아르) 300g
게랑드 플뢰르 드 셀 1g

냄비에 식물성 음료들과 옥수수전분을 넣고 끓인다. 핸드 블렌더로 이 혼합물을 매끄럽고 덩어리지지 않게 유화한 후, 마가린을 넣고 다시 섞어 가나슈를 만든다. 35℃로 식힌다. 화이트 융고에 사탕수수 황설탕을 조금씩 부으며 거품기로 섞는다. 준비된 융고, 설탕 혼합물을 초콜릿 가나슈에 조금씩 붓고 플뢰르 드 셀을 넣는다. 이 혼합물을 용기에 붓고 냉장 보관하며 식힌다. 먹기 직전 플뢰르 드 셀 초콜릿 칩을 깨서 초콜릿 무스 위에 올린다.

호박씨, 자타르,* 아몬드 프랄린 초콜릿 봉봉

이스라엘 여행을 마치고 집으로 돌아오는 길에 이 초콜릿 봉봉이 내 머리에 떠올랐다. 비건 레시피를 구상하면서 타임, 참깨와 여러 향신료가 들어 있는 혼합 향신료 자타르를 사용하는 것은 지극히 당연하게 생각되었다.

피에르 에르메

초콜릿 봉봉 80개

준비
6시간
휴지
12시간
조리
20분

**호박씨 자타르 프랄린
(하루 전 준비)**
가루 설탕 125g
생수 37.5g
호박씨 200g
게랑드 플뢰르 드 셀 1.5g
포도씨유 28g
자타르 8.5g

유산지를 깐 오븐팬에 호박씨를 겹치지 않게 주의하며 펼쳐놓는다. 컨벡션 오븐에 넣고 150℃로 호박씨가 노릇하고 바삭해질 때까지 10분 굽는다. 냄비에 설탕과 물을 넣어 끓이고, 온도계 혹은 전자온도계로 측정해 121℃로 만든다. 뜨거운 설탕물을 아직 따뜻한 구운 호박씨에 붓는다. 나무 주걱으로 부드럽게 섞으며 설탕 옷을 입히고, 중불에서 캐러멜라이징한다. 눌음방지 실리콘 매트에 붓고 식힌다. 캐러멜라이징한 호박씨를 굵게 다지고, 블렌더 컨테이너에 넣는다. 플뢰르 드 셀, 자타르, 포도씨유를 넣고 간다.
이때 호박씨의 입자가 남아 있도록 너무 곱게 갈지 않도록 주의한다. 냉장 보관한다.

---

* zaatar. 다양한 종류의 허브와 향신료를 첨가해 만든 중동과 레반트의 전통적인 혼합 향신료이다. 자타르에 쓰이는 재료는 지역에 따라 다른데 일반적인 재료로는 히숍, 마조람, 타임, 오레가노, 코리앤더, 커민, 참깨, 옻, 소금 등이 포함될 수 있으며, 그밖에 말린 오렌지 껍질, 딜이 들어가기도 한다. (네이버 지식 백과)

참고 : 캐러멜라이징한 호박씨는 식자마자 바로 으깨고 갈아서 사용해야 한다. 캐러멜라이징하면 습기를 흡수해서 프랄린의 질이 변형될 우려가 있기 때문에 저장할 수 없다.

구운 호박씨
(하루 전 준비)
호박씨 200g

유산지를 깐 오븐팬에 호박씨를 겹치지 않게 주의하며 펼쳐놓는다. 컨벡션 오븐에 넣고 150℃로 호박씨가 노릇하고 바삭해질 때까지 10분 굽는다. 구운 호박씨는 프랄린을 만들 때 그리고 초콜릿 봉봉을 장식할 때 필요하다.

호박씨, 자타르, 아몬드 프랄린
(하루 전 준비)
아몬드 프랄린
(아몬드 60%) 170g
호박씨 자타르 프랄린 400g
다크 초콜릿
(발로나® 카카오 72%, 아라구아니) 75g
카카오버터 (발로나®) 112g
구운 호박씨 80g

블렌더 컨테이너에 아몬드 프랄린과 호박씨 자타르 프랄린, 녹인 다크 초콜릿과 카카오버터를 넣는다. 모두 섞고 온도계 혹은 전자 온도계로 측정해 24℃로 만든다. 구운 호박씨를 재빨리 첨가하고 모두 섞어 25℃가 넘지 않게 한다. 유산지를 깐 트레이에 30 x 30㎝, 두께 12㎜ 크기의 사각틀을 놓는다. 프랄린을 붓고 L자 스패출러로 평평하게 펼친다. 다음 날까지 (16~18℃에서) 상온으로 식힌다.

절단 프랄린
(하루 전 준비)
다크 초콜릿
(발로나® 카카오 72%, 아라구아니) 250g

다음 날, 프랄린의 옷을 준비한다. 먼저 다크 초콜릿이 부드러우면서 광택이 나고 안정되도록 다음과 같이 템퍼링을 한다. 톱칼로 초콜릿을 잘게 잘라 용기에 넣고, 초콜릿이 담긴 용기를 냄비에 넣어 중탕으로 녹인다. 50~55℃가 될 때까지 나무 숟가락으로 부드럽게 젓는다. 초콜릿이 든 용기를 중탕냄비에서 꺼낸다. 얼음을 너덧 개 넣은 차가운 물이 든 용기에 초콜릿이 든 용기를 놓는다. 용기 가장자리부터 초콜릿이 굳기 시작하므로 가끔씩 녹인 초콜릿을 젓는다. 초콜릿의 온도가 27~28℃가 되면, 다시 초콜릿이 든 용기를 중탕냄비로 옮겨 주의해서 지켜보며 31~32℃로 만든다. 이제 초콜릿 템퍼링이 끝났다.

하루 전 준비한 호박씨 자타르 아몬드 프랄린에 템퍼링한 초콜릿을 얇게 겹쳐 펼쳐놓는다. 나무 주걱으로 매끈하게 만든 후 상온에서 20분 굳힌다. 비닐 위에 틀을 뒤집어 놓고 프랄린 아랫면에 다크 초콜릿을 얇게 펴 바른다. 표면을 매끄럽게 다듬고 상온에서 20분 굳힌다.

작은 칼의 날에 따뜻한 물을 적시고 프랄린과 틀 사이에 틈을 벌려 떼어낸다. 30 x 22.5mm 크기의 사각형으로 자르고 떼어낸다. 사각형으로 자른 프랄린을 간격을 벌려 트레이에 놓는다. 다음 날까지 (16~18°C에서) 상온 보관한다.

초콜릿 봉봉의 마지막 옷 입히기

다크 초콜릿
(발로나® 카카오 72%, 아라구아니) 500g

이제 초콜릿 봉봉에 마지막으로 옷을 입힌다.

우선 앞에 적은 대로 초콜릿을 템퍼링한다. 초콜릿의 온도는 31~32°C에 맞춰야 한다. 비닐을 여러 장 준비하고 초콜릿 봉봉이 만들어지는 대로 올려놓는다.

첫 사각 프랄린을 템퍼링한 초콜릿에 담근다. 그리고 초콜릿 디핑 포크를 사용해 꺼낸다. 작은 포크를 용기의 한쪽 가장자리에서 작업자가 있는 방향으로 조금씩 이동하며 초콜릿 속으로 깊게 프랄린을 넣었다가 들어 올리는 동작을 두세 번 반복해 프랄린에 초콜릿 옷을 입힌다. 봉봉이 꽂힌 포크를 꺼내서 용기에 살짝 두드려 과하게 묻은 초콜릿을 털어내고, 용기의 가장자리에 대고 긁는다. 봉봉을 비닐에 놓고, 봉봉 위에 구운 호박씨 세 개를 놓는다.

중탕냄비에 있는 용기의 초콜릿 온도가 31~32°C가 유지되도록 주의하며 다른 프랄린도 같은 과정을 반복한다. 상온에서 다음 날까지 봉봉을 건조한다.

초콜릿 봉봉을 밀폐용기에 넣어 냄새와 습기를 피해 15~18°C의 온도에서 보관한다.

"프랄린에 입힌 옷은 층이 얇아야 하지만 다른 업체 제품처럼 그렇게 얇을 필요는 없다. 초콜릿 봉봉의 옷은 맛과 밸런스에 영향을 주기 때문에 과하지 않아야 한다."
피에르 에르메

아몬드 커리 프랄린 초콜릿 봉봉

바닐라 향을 입힌 아몬드 프랄린을 만들었다. 마치 여행에 초대받은 것처럼 여기에 신선한 느낌과 따뜻한 맛이 균형 있게 어울리는 봄베이의 커리를 첨가했다. 초콜릿의 두께에 따라 맛과 감동이 달라지므로 상당히 얇지만 지나치게 얇지 않은 옷을 입혔다.

피에르 에르메

초콜릿 봉봉 80개

준비
6시간
휴지
12시간
조리
15분

**홈메이드 바닐라 아몬드 프랄린
(하루 전 준비)**

가루 설탕 125g
생수 37.5g
쪼개고 긁어낸
마다가스카르 바닐라빈 1½
화이트 통아몬드 200g

유산지를 깐 오븐팬에 겹치지 않게 주의하며 아몬드를 펼쳐놓는다. 컨벡션 오븐에서 160℃로 15분 굽는다. 냄비에 설탕과 물을 넣어 끓이고, 온도계 혹은 전자온도계로 측정해 121℃로 만든다. 다른 냄비에 쪼개고 긁어낸 바닐라빈과 여전히 따뜻한 구운 아몬드를 준비한다. 끓인 설탕물을 바닐라빈과 구운 아몬드에 붓는다. 나무 주걱으로 부드럽게 섞어 아몬드에 설탕의 입자가 엉겨 붙게 하고, 중불로 캐러멜라이징한다. 눌음방지 실리콘 매트에 쏟아 식힌다. 캐러멜라이징한 아몬드를 굵게 다진 후, 블렌더에 넣고 갈아 페이스트를 만든다. 이때 까끌까끌한 입자가 남아 있도록 지나치게 곱게 갈지 않도록 주의한다. 냉장 보관한다.

참고 : 캐러멜라이징한 아몬드는 식자마자 바로 다지고, 분쇄해 사용해야 한다. 캐러멜라이징한 아몬드는 습기를 흡수해 프랄린의 상태가 변질될 위험이 있기 때문에 보관할 수 없다.

**아몬드 커리 프랄린
(하루 전 준비)**
다크 초콜릿
(발로나® 카카오 72%, 아라구아니) 60g
카카오버터 (발로나®) 90g
아몬드 프랄린 (아몬드 60%) 330g
홈메이드 바닐라 아몬드 프랄린 330g
게랑드 플뢰르 드 셀 1.25g
봄베이 커리 (룅렝제®) 4.5g

다음과 같이 다크 초콜릿과 카카오버터를 함께 템퍼링한다. 초콜릿과 카카오버터를 톱칼로 잘게 잘라 용기에 넣고 중탕냄비에 넣어 녹인다. 45~50℃가 될 때까지 나무 숟가락으로 부드럽게 젓는다. 녹은 초콜릿, 카카오버터 혼합물이 든 용기를 중탕냄비에서 꺼내서 너덧 개의 얼음과 물이 든 용기에 넣는다. 혼합물이 용기 가장자리부터 굳기 시작하므로 굳지 않도록 가끔 저어준다. 녹은 초콜릿, 버터 혼합물이 27~28℃가 되면 다시 용기를 중탕냄비에 넣고 주의해서 지켜보며 31~32℃로 만든다. 이제 초콜릿 템퍼링이 끝났다. 남은 재료를 넣고 바로 사용한다. 트레이에 비닐을 깔고 30 x 30㎝, 두께 12㎜ 크기의 틀을 놓는다. 프랄린을 붓고 손잡이가 있는 주걱으로 평평하게 편다. (16~18℃의) 상온에서 다음 날까지 식힌다.

**절단 프랄린
(하루 전 준비)**
아몬드 밀크 초콜릿
(발로나® 카카오 46%, 아마티카) 250g

프랄린 옷 입히기 전 단계를 준비한다.
우선 초콜릿이 부드러우면서 광택이 나고 안정되도록 다음과 같이 템퍼링을 한다. 톱칼로 초콜릿을 잘게 잘라 용기에 넣고, 초콜릿이 담긴 용기를 냄비에 넣어 중탕으로 녹인다. 45~50℃가 될 때까지 나무 숟가락으로 부드럽게 젓는다. 초콜릿이 든 용기를 중탕냄비에서 꺼낸다. 얼음을 너덧 개 넣은 차가운 물이 든 용기에 초콜릿이 든 용기를 놓는다. 용기 가장자리부터 초콜릿이 굳기 시작하므로 가끔씩 녹인 초콜릿을 젓는다. 초콜릿의 온도가 27~28℃가 되면, 다시 초콜릿이 든 용기를 중탕냄비로 옮겨 주의해서 지켜보며 30~31℃로 만든다. 이제 초콜릿 템퍼링이 끝났다.
초콜릿을 하루 전 준비해 놓은 프랄린 위에 얇게 펼쳐놓는다. 손잡이가 있는 주걱으로 매끄럽게 다듬은 후, 상온에서 20분 굳힌다. 비닐 위에 프랄린이 든 틀을 뒤집어 놓고 프랄린 위에 다시 초콜릿을 얇게 펼쳐놓는다. 매끄럽게 다듬은 후 상온에서 20분 굳힌다.
따뜻한 물로 적신 작은 칼의 날을 프랄린이 든 틀 가장자리에 넣고 돌려 틈을 벌린다. 30 x 22.5㎜ 크기의 사각형으로 자르고 떼어낸다. 떼어낸 프랄린을 간격을 두고 트레이에 놓는다. 다음 날까지 (16~18℃의) 상온에서 보관한다.

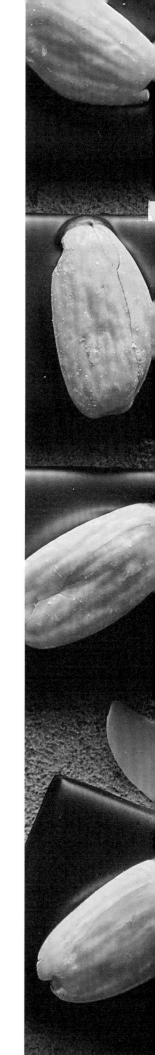

초콜릿 봉봉의 마지막 옷 입히기

다크 초콜릿
(발로나® 카카오 64%, 앙파마키아) 500g
구운 거피 통아몬드 약간

이제 초콜릿 봉봉의 마지막 옷 입히기 과정이다.

우선 위에 적은 대로 초콜릿을 템퍼링한다. 템퍼링한 초콜릿의 온도는 30~31℃여야 한다. 비닐을 여러 장 준비하고 그 위에 초콜릿 봉봉을 만들어지는 대로 놓는다.

첫 번째 사각형 프랄린을 템퍼링한 초콜릿에 담근다. 초콜릿 디핑포크로 초콜릿에 담근 프랄린을 꺼낸다. 용기의 가장자리에서 작업자를 향해 초콜릿 디핑포크를 조금씩 움직여 용기의 가장자리에 기대고 그릇에 담갔다 들기를 두세 번 반복하며 프랄린에 초콜릿 옷을 입힌다. 봉봉이 꽂힌 디핑포크를 꺼내서 용기에 살살 두드려 과하게 묻은 초콜릿을 털어내고 용기 가장자리에 긁어낸다. 봉봉을 비닐에 놓고 봉봉 위에 대각선으로 구운 통아몬드를 얹는다. 동일한 과정을 반복한다. 이때 중간중간 초콜릿이 든 용기를 중탕냄비에 넣어 초콜릿의 온도를 30~31℃로 유지한다.

다음 날까지 봉봉을 상온 건조한다.

봉봉을 밀폐용기에 넣어 냄새와 습기를 피해 15~18℃에서 보관한다.

"초콜릿 옷을 얇게 입혀야 하지만 지나치게 얇을 필요는 없다. 초콜릿 옷은 초콜릿 봉봉의 맛과 균형에 영향을 주므로 절대 과하지 않아야 한다."
피에르 에르메

초콜릿 트러플

입안에서 살살 녹는 강렬하고 풍부한 맛의 트러플은 초콜릿의 풍미를 돋우며, 유행을 타지 않는다.

린다 봉다라

트러플 50개

준비
30분
휴지
최소 2시간
조리
10분

초콜릿 트러플
다크 초콜릿
(발로나® 카카오 72%, 아라구아니) 110g
다크 초콜릿
(발로나® 카카오 64%) 110g
화이트 아몬드 퓌레 70g
귀리 음료 50g
대두 음료 60g
사탕수수 황설탕 30g
탈취 코코넛오일 95g
게랑드 플뢰르 드 셀 1g
카카오 가루 100g

초콜릿을 잘게 자른다. 냄비에 대두 음료, 귀리 음료, 사탕수수 황설탕을 붓고 거품기로 섞는다. 이 혼합물을 중불로 끓인다. 끓인 혼합물을 잘게 자른 초콜릿에 부어서 초콜릿이 녹도록 잠시 둔 후, 핸드 블렌더로 섞어 매끄러운 가나슈를 만든다. 아몬드 퓌레, 탈취 코코넛오일, 플뢰르 드 셀을 넣고 다시 섞는다. 이 혼합물은 덩어리 없이 매끄럽고 윤기가 나야 한다. 가나슈를 15 x 15㎝ 크기의 사각 틀에 붓고 식힌다. 2시간 이상 냉장 보관하며 가나슈를 굳힌다. 트러플이 굳으면 3 x 2㎝ 크기의 사각형으로 자른 후, 위에 카카오 가루를 뿌린다. 차갑게 먹고, 밀폐용기에 넣어 냉장 보관한다.

디저트

과일 & 타르트

달콤한 과일 맛

과일 디저트는 과일이 주를 이루기 때문에 만들기 쉽다고 생각할 수 있지만, 전혀 그렇지 않다. 동물유래 지방을 사용하지 않고 각 과일의 맛과 향을 최대한 끌어올리려면 다른 디저트와 똑같이 정밀하고 주의 깊게 레시피를 만들어야 한다.

또한, 식물유래 재료들은 대부분 상응하는 동물유래 재료들보다 맛이 소박하기 때문에 맛 표현의 여지가 많다. 따라서 그에 맞게 적절한 조화를 찾아야 한다.

여기서 나의 과제는 전통 버전을 참고해 비건 버전의 '페티쉬 이스파한'과 '아틀라스 가든'을 재창조하는 것이었다. 여기에 사용되는 재료들은 맛 표현이 달라진다. 따라서 이스파한의 경우, 비건 머랭으로 우리가 좋아하는 부드럽고 바삭한 마카롱의 질감을 재현하는 것이 첫 번째 과제였다. 고백컨대 이 제품들의 차이를 구별하기 어려울 만큼 흡족한 느낌을 재현할 수 있어서 대단히 만족스럽다.

마찬가지로 '바바'의 경우, 놀랄 정도로 반죽이 잘 되어 나는 고무되었다. 질감은 약간 달랐지만 바바 특유의 질감인 촉촉하게 젖은 느낌이 유지되었고, 상큼함은 강조되었다. 물론 크림의 경우, 코코넛오일, 잔탄검, 액상 레시틴 등을 다루는 법을 익혀야 한다. 특히 레시틴은 적당량을 사용하지 않으면 불쾌한 맛이 날 수 있다.

우리는 비건 타르트 반죽을 완성했고, 세상에 없던 세 개의 레시피를 창안했다. 식물성 기름과 가루 혼합물을 사용하면 주재료의 맛이 업그레이드되어, 버터 맛에서 해방된, 조금 더 강조된 다른 면이 드러난다. 일례로 유자 타르트는 과일의 상큼함을 누그러뜨리는 유제품과 달걀이 사용된 전통 타르트에서는 맛보기 어려운 감귤류의 맛이 드러난다. 내가 만든 제품들 중 '오디세이아'에서 영감을 받은 피칸 타르트 역시 믿을 수 없을 만큼 훌륭한 맛으로 탄생했다. 우리가 선택한 식물성 크림은 말린 과일, 호두 리큐어, 그리고 아로마 향이 강하고 감초 맛이 나는 오키나와 흑설탕을 제대로 느낄 수 있게 해주었다.

해석은 각자의 몫이지만, 어쨌든 가장 중요한 것은 맛이며, 질감은 풍미를 더욱 살린다.

자르뎅 앙상테 타르트

나는 이 조합으로 마카롱을 만들 생각이었다. 그러다 이것을 타르트에 적용해보면 어떨까 하는 생각이 들었다. 나는 대조되는 식물성 라임 크림의 상큼함과 피망 데스플레트의 매콤함 그리고 라임 젤리를 곁들인 생라즈베리의 청량함이 주는 여유가 마음에 든다.

피에르 에르메

타르트 10개

준비
6시간
휴지
6시간
조리
40분

스위트 반죽
탈취 코코넛오일 35g
카카오버터 (발로나®) 35g
슈거파우더 90g
게랑드 플뢰르 드 셀 2g
밀가루 235g
아몬드 가루 80g
생수 75g

탈취 코코넛오일과 카카오버터를 녹이고, 온도계나 전자온도계로 측정해 30~35℃로 만든다. 플랫비터를 장착한 블렌더 컨테이너에 아몬드 가루, 플뢰르 드 셀, 슈거파우더, 30℃로 녹인 카카오버터와 오일 혼합물을 붓는다. 블렌더를 작동해 잘 섞은 후, (40℃로 데운) 생수를 추가한다. 미리 체에 친 밀가루를 넣는다. 트레이에 옮겨놓고, 랩으로 밀착해 덮은 후 2시간 냉장 보관한다.
덧가루를 살짝 뿌린 작업대에서 반죽을 2~3㎜ 두께로 펼친다. 원형틀을 사용해 직경 12㎝ 원형 10개로 소분한다. 반죽을 타르트틀에 넣기 전, 트레이에 옮겨 30분 냉장 보관한다. 직경 8㎝, 높이 2㎝의 스테인리스 원형틀 10개에 기름을 바르고, 반죽을 틀에 맞춰 넣은 후, 과한 반죽은 잘라낸다. 1시간 냉장 보관 후, 최소 2시간 냉동 보관한다.

과일과 타르트 디저트 달콤한 과일 맛

컨벡션 오븐을 250℃로 예열한다. 반죽을 오븐에 넣기 직전 온도를 170℃로 낮춘다. 유산지를 깐 오븐팬에 타르트 셸을 놓고 알루미늄포일이나 유산지로 덮은 후, 말린 콩을 놓는다. 170℃에서 20분 굽는다. 오븐에서 꺼내 식힌 후, 말린 콩과 알루미늄포일을 제거한다. 다른 부분과 조립을 위해 스테인리스 원형틀은 그대로 둔다.

글루텐프리 가루 믹스
현미(5분도미) 가루 50g
옥수수전분 30g
감자전분 10g
아몬드 가루 10g

모든 재료를 체에 친 후, 바로 사용한다.

피망 데스플레트 라임 아몬드 크림
감자전분 10g
라임즙 50g
생수 100g
슈거파우더 135g
감귤류 섬유질 5g
글루텐프리 가루 믹스 55g
아몬드 가루 135g
탈취 코코넛오일 60g
포도씨유 혹은 카놀라유 25g
라임 제스트 2.5g
피망 데스플레트 4.5g
게랑드 플뢰르 드 셀 0.5g

냄비에 감자전분, 라임즙, 생수를 넣고 잘 섞은 후, 끓인다. 그라탱 용기에 옮겨 담고 랩으로 밀착해 덮은 후, 냉장 보관한다. 탈취 코코넛오일을 녹이고, 온도계나 전자온도계로 측정해 30~35℃로 만든다. 플랫비터를 장착한 블렌더 컨테이너에 아몬드 가루, 감귤류 섬유질, 슈거파우더, 플뢰르 드 셀, 글루텐프리 가루 믹스, 라임 제스트, 피망 데스플레트, 오일을 넣는다. 잘 섞은 후, 미리 준비한 전분, 물, 라임즙 혼합물을 넣고 다시 잘 섞는다. 바로 사용한다.

굽기
타르트 셸에 아몬드 크림 18g을 채우고, 컨벡션 오븐에서 170℃로 15분 굽는다. 오븐에서 꺼내 식힌 후, 다른 부분과 조합할 때까지 보관한다.

라임 젤리

라임즙 170g
아가르 아가르 3.5g
가루 설탕 30g

믹싱볼에 설탕과 아가르 아가르를 섞는다. 냄비에 라임즙을 넣어 끓이고 온도계나 전자온도계로 측정해 40℃로 만든 후, 설탕, 아가르 아가르 혼합물을 조금씩 붓는다. 스패출러로 일정하게 저으며 이 혼합물을 끓인다. 그라탱 용기에 옮기고 랩으로 밀착해 덮은 후, 냉장 보관하며 완전히 식힌다. 이 혼합물을 사용하기 전, 블렌더로 섞어 매끄럽고 부드러운 젤리로 만든다.

조립과 굽기

생라즈베리 500g
라임 2개

구워서 식힌 아몬드 크림 타르트 셸에 라임 젤리를 바르고, 라즈베리를 올린다. 짤주머니로 비어 있는 틈에 라임 젤리를 채운다. 마이크로플레인® 제스터로 타르트 위에 라임 제스트를 갈아 얹는다. 먹기 직전까지 냉장 보관한다.

참고 : 향과 풍미를 위해 당해 생산된 피망 데스플레트를 사용해야 한다.

과일과 타르트 디저트 달콤한 과일 맛

엥피니망 유자 타르트

식물유래 재료들의 상당히 중립적인 맛은 장점으로 꼽을 수 있다. 버터나 크림이 없으면 과일은 더 자유롭고 더 강렬하게 표현된다. 유자의 모든 특성과 향이 드러난 이 타르트가 바로 그 본보기이다.

피에르 에르메

타르트 10개

준비
6시간
휴지
13시간
조리
30분

유자 크림
(하루 전 준비)
유기농 레몬 제스트 4g
생수 75g
고치* 유자즙 225g
NH 펙틴 3.5g
옥수수전분 10g
감귤류 섬유질 2.5g
가루 설탕 100g
카카오버터 (발로나®) 50g
탈취 코코넛오일 50g

마이크로플레인® 제스터로 레몬 제스트를 추출한다. 설탕, 제스트, 펙틴, 감귤류 섬유질, 옥수수전분을 섞는다. 냄비에 생수와 유자즙을 넣어 끓이고, 온도계나 전자온도계로 측정해 40℃로 만든 후, 먼저 만들어 놓은 혼합물을 조금씩 붓는다. 이 혼합물을 끓이고, 카카오버터와 탈취 코코넛오일에 붓는다. 핸드 블렌더를 몇 분 작동해 섞으며 완전히 유화한다. 그라탱 용기에 옮겨 담고, 랩으로 밀착해 덮어 식힌 후, 12시간 냉장 보관하며 굳힌다.

* 일본 시코쿠의 중남부, 고치현의 중부에 위치하는 도시이며 현청 소재지로 일본 제1의 유자 생산지이다.

스위트 반죽

탈취 코코넛오일 35g

카카오버터 (발로나®) 35g

슈거파우더 90g

게랑드 플뢰르 드 셀 2g

밀가루 235g

아몬드 가루 80g

생수 75g

탈취 코코넛오일과 카카오버터를 녹이고, 온도계나 전자온도계로 측정해 30~35℃로 만든다. 플랫비터를 장착한 블렌더 컨테이너에 아몬드 가루, 플뢰르 드 셀, 슈거파우더, 30℃로 만든 코코넛오일과 카카오버터 혼합물을 붓는다. 블렌더를 작동해 고르게 잘 섞은 후, (40℃로 데운) 생수를 넣는다. 미리 체에 친 밀가루를 넣는다. 트레이로 옮겨 담고, 랩으로 밀착하게 덮은 후, 2시간 냉장 보관한다. 덧가루를 살짝 뿌린 작업대에서 반죽을 2~3㎜ 두께로 펼친다. 원형틀을 사용해 직경 12㎝의 원형 10개로 자른다. 원형 반죽을 트레이에 놓고, 틀에 맞춰 넣기 전 30분 냉장 보관한다. 직경 8㎝, 높이 2㎝의 스테인리스 원형틀 10개에 반죽을 맞춰 넣고 남은 반죽을 잘라낸다. 1시간 냉장 보관 후, 최소 2시간 냉동 보관한다. 컨벡션 오븐을 250℃로 예열한다. 구울 준비가 되면 오븐의 온도를 170℃로 낮춘다. 유산지를 깐 오븐팬에 타르트 셸을 놓고, 알루미늄포일이나 유산지로 덮은 후, 말린 콩을 채운다. 170℃에서 20분 굽는다. 오븐에서 꺼내 식힌 후, 말린 콩과 알루미늄포일을 제거한다. 다음 작업을 위해 스테인리스 원형틀은 그대로 둔다.

글루텐프리 가루 믹스

현미(5분도미) 가루 50g

옥수수전분 30g

감자전분 10g

아몬드 가루 10g

모든 재료를 함께 체에 치고 바로 사용한다.

유자 아몬드 크림

슈거파우더 55g

감귤류 섬유질 2g

글루텐프리 가루 믹스 21g

아몬드 가루 55g

탈취 코코넛오일 24g

포도씨유 혹은 카놀라유 10g

고치 유자즙 36g

생수 24g

감자전분 4g

냄비에 감자전분, 유자즙, 생수를 넣고 잘 섞은 후 끓인다. 그라탱 용기에 옮겨 담고, 랩으로 밀착하게 덮은 후 냉장 보관한다. 탈취 코코넛오일을 녹이고, 온도계나 전자온도계로 측정해 30~35℃로 만든다. 플랫비터를 장착한 블렌더 컨테이너에 아몬드 가루, 감귤류 섬유질, 슈거파우더, 글루텐프리 가루 믹스와 오일을 붓는다. 잘 섞은 후 전분, 물, 유자즙 혼합물을 넣어 다시 잘 섞는다. 바로 사용한다.

굽기

구운 스위트 반죽 셸에 유자 아몬드 크림을 18g 채우고, 컨벡션 오븐에서 170℃로 10분 굽는다. 오븐에서 꺼내 식힌 후, 다음 작업을 위해 보관한다.

홈메이드 고치 유자 퓌레

유자 껍질 콩피 125g
고치 유자즙 65g
생수 25g
NH 펙틴 5g
가루 설탕 5g

설탕과 펙틴을 섞는다. 블렌더로 유자즙과 유자 껍질 콩피 섞고 갈아 유자 콩피가 작은 조각이 되게 한다. 냄비에 물과 유자 껍질 콩피, 유자즙 혼합물을 넣고 끓인 후, 온도계나 전자온도계로 측정해 40℃로 만든다. 설탕과 펙틴을 붓는다. 다시 끓인다. 냉장 보관한다.

조립과 마무리

뉴트럴 나파주 약간

구운 아몬드 크림 타르트에 고치 유자 퓌레 7g을 펼쳐 넣고, 짤주머니로 유자 크림을 채워 넣는다. 나무 주걱으로 표면을 매끄럽게 다듬은 후, 타르트를 몇 분 냉동 보관한다. 크림이 굳으면 작은 나무 주걱으로 고치 유자 퓌레 타르트의 측면을 매끄럽게 다듬는다. 1시간 냉장 보관한다. 전자레인지 혹은 약불로 뉴트럴 나파주를 녹인다. 뜨거운 나파주에 타르트를 담가서 묻히고, 붓으로 과하게 묻은 나파주를 걷어낸다. 먹을 때까지 냉장 보관한다.

엥피니망 피칸 타르트

피칸과 오키나와 흑설탕, 그리고 너트 리큐어가 어우러지며 풍미를 살려 이 타르트의 맛이 더욱 살아났다. 엄청나게 맛있는 다양한 질감의 타르트다.

피에르 에르메

6~8인분 타르트 2개

준비
6시간
휴지
6시간
조리
1시간

스위트 반죽
탈취 코코넛오일 35g
카카오버터 (발로나®) 35g
슈거파우더 90g
게랑드 플뢰르 드 셀 2g
밀가루 235g
아몬드 가루 80g
생수 75g

탈취 코코넛오일과 카카오버터를 녹이고 온도계나 전자온도계로 측정해 30~35℃로 만든다. 플랫비터를 장착한 블렌더 컨테이너에 아몬드 가루, 플뢰르 드 셀, 슈거파우더를 넣고, 30℃로 만든 코코넛오일, 카카오버터 혼합물을 붓는다. 블렌더를 작동해서 잘 섞고, (40℃로 데운) 생수를 붓는다. 미리 체에 친 밀가루를 넣는다. 트레이로 옮겨 담아 랩으로 밀착하게 덮은 후, 2시간 냉장 보관한다. 덧가루를 살짝 뿌린 작업대에서 반죽을 약 2~3㎜ 두께로 펼친다. 원형틀을 사용해 직경 12㎝의 원형 10개를 자른다. 반죽을 틀에 넣기 전 반죽이 있는 트레이를 30분 냉장 보관한다. 직경 8㎝, 높이 2㎝의 스테인리스 원형틀 10개에 기름을 바르고, 잘라 놓은 원형 반죽을 틀에 맞춰 넣고, 남는 반죽은 제거한다. 1시간 냉장 보관 후, 최소 2시간 냉동 보관한다. 컨벡션 오븐을 250℃로 예열한다. 반죽을 오븐에 넣기 전 170℃로 온도를 낮춘다.

과일과 타르트 디저트 달콤한 과일 맛

유산지를 깐 오븐팬에 타르트 셸을 놓고 알루미늄포일이나 유산지로 덮은 후, 말린 콩을 채운다. 170℃에서 20분 굽는다. 오븐에서 꺼내 식힌 후, 말린 콩과 알루미늄포일을 제거한다. 남은 작업을 위해 스테인리스 원형틀을 그대로 둔다.

홈메이드 피칸 프랄린
가루 설탕 100g
피칸 150g
바닐라 가루 2g

유산지를 깐 오븐팬에 겹치지 않게 주의하며 피칸을 펼쳐 놓는다. 컨벡션 오븐에 넣고 150℃로 5분 굽는다. 냄비에 설탕과 바닐라 가루를 넣어 캐러멜라이징하고, 온도계나 전자온도계로 측정해 175℃로 만든다. 캐러멜에 구운 피칸을 붓고 잘 섞는다. 눌음방지 실리콘 매트에 붓고 식힌다. 캐러멜라이징한 피칸을 굵게 으깬 후, 블렌더 컨테이너에 넣고, 블렌더를 작동해서 너무 곱게 갈리지 않도록 주의해 거친 입자가 있는 페이스트를 만든다. 바로 사용하거나 냉장 보관한다.

참고 : 캐러멜라이징한 피칸은 식자마자 바로 으깨고 갈아서 사용해야 한다. 일단 캐러멜라이징이 끝나면, 수분을 흡수하며 프랄린 상태가 변질될 위험이 있으므로 저장할 수 없다.

오키나와 흑설탕 피칸 타르트 반죽
귀리 음료 225g
홈메이드 피칸 프랄린 50g
탈취 코코넛오일 40g
오키나와 흑설탕 150g
쌀 크림 7.5g
옥수수전분 3.75g
아가르 아가르 0.5g
게랑드 플뢰르 드 셀 0.6g
잘게 자른 피칸 285g

옥수수전분, 아가르 아가르, 쌀 크림을 체에 친다. 냄비에 귀리 음료와 흑설탕 50g을 넣고 끓인다. 옥수수전분, 아가르 아가르, 쌀 크림 혼합물과 남은 흑설탕 100g을 섞는다. 이 혼합물과 귀리 음료, 흑설탕 혼합물의 반을 넣어 녹인 후, 남은 음료 혼합물을 넣고 다시 잘 섞는다. 쌀 크림, 옥수수전분, 아가르 아가르 혼합물을 거품기로 빠르게 저으며 끓인다. 불을 끄고 탈취 코코넛오일, 프랄린, 플뢰르 드 셀, 잘게 자른 피칸을 넣는다. 그라탱 용기에 이 혼합물을 옮겨 담고, 랩으로 밀착해 덮은 후 냉장 보관하며 식힌다.

참고 : 분말 형태의 쌀 크림이 있다.

피칸 샹티이 크림

귀리 음료 95g

홈메이드 피칸 프랄린 21g

탈취 코코넛오일 17g

오키나와 흑설탕 63g

쌀 크림 7.5g

옥수수전분 3.75g

아가르 아가르 0.5g

게랑드 플뢰르 드 셀 0.6g

옥수수전분, 아가르 아가르, 쌀 크림을 체에 친다. 냄비에 귀리 음료와 흑설탕 20g을 넣고 끓인다. 옥수수전분, 아가르 아가르, 쌀 크림 혼합물과 남은 설탕 43g을 섞는다. 이 혼합물을 귀리 음료, 흑설탕 혼합물의 1/2과 섞어 녹인 후, 남은 음료를 넣고 다시 섞는다. 샹티이 크림 반죽을 거품기로 빠르게 저어 섞으며 끓인다. 불을 끄고 탈취 코코넛오일, 프랄린, 플뢰르 드 셀을 넣는다. 그라탱 용기에 샹티이 반죽을 옮겨 담고, 랩으로 밀착하게 덮은 후 냉장 보관하며 식힌다.

너트 리큐어 피칸 샹티이 크림

식물성 크림 (지방 31%) 600g

피칸 샹티이 크림 200g

너트 리큐어 50g

거품기를 장착한 블렌더 컨테이너에 식물성 크림을 넣어 휘핑한다. 실리콘 주걱으로 샹티이 크림과 너트 리큐어를 넣으며 조심히 섞는다. 바로 사용한다.

피칸 누가

글루코스 시럽 35g

가루 설탕 100g

카놀라유 혹은 포도씨유 45g

생수 35g

NH 펙틴 1.7g

잘게 자른 피칸 100g

감귤류 섬유질 1.7g

게랑드 플뢰르 드 셀 한 꼬집

냄비에 물과 글루코스 시럽을 넣어 끓이고, 온도계나 전자온도계로 측정해 45~50℃로 만든다. 설탕, 펙틴 혼합물을 넣고 끓여, 온도계나 전자온도계로 측정해 106℃로 만든다. 오일과 감귤류 섬유질을 넣고, 핸드 블렌더로 유화한다. 잘게 자른 피칸과 플뢰르 드 셀을 넣는다. 유산지에 붓고 나무 주걱으로 펼쳐놓은 후, 다른 유산지로 덮고 밀대로 밀며 계속 펼쳐놓는다. 냉동시킨 후, 랩으로 덮어 최소 2시간 냉동 보관한다. 여전히 냉동된 유산지를 반으로 자르고, 눌음 방지 실리콘 매트가 깔린 오븐팬에 놓는다. 컨벡션 오븐에서 170℃로 18~20분 굽는다. 오븐에서 꺼내 잠시 식힌 후, 철제 쿠키커터로 직경 17㎝의 원형 2개를 자른다. 바로 사용하거나 밀폐용기에 담아 상온 보관한다.

캐러멜라이징한 피칸
피칸 140g
가루 설탕 500g
생수 150g

유산지를 깐 오븐팬에 피칸이 겹치지 않도록 조심하며 펼쳐놓고, 컨벡션 오븐에서 150℃로 5분 굽는다. 냄비에 물과 설탕을 넣어 끓이고, 온도계나 전자온도계로 측정해 118℃로 만든 후, 아직 따뜻한 구운 피칸을 넣는다. 나무 주걱으로 저으면서 약불로 캐러멜라이징한다. 눌음방지 실리콘 매트가 깔린 트레이에 캐러멜라이징한 피칸을 붓고, 붙지 않게 펼쳐서 식힌다. 밀폐용기에 담아 보관한다.

조립과 마무리

오키나와 흑설탕 피칸 타르트 반죽 370g을 2개의 구운 스위트 반죽 셀에 채운다. 컨벡션 오븐에서 160℃로 30분 굽는다. 오븐에서 꺼내 상온에서 식힌 후, 원형틀을 제거한다. 너트 리큐어 피칸 샹티이 크림 350g을 직경 8cm의 쿠키커터가 달린 짤주머니에 넣어 구운 타르트 셀 각각에 짜 넣는다. 그 위에 원형 피칸 누가와 캐러멜라이징한 피칸을 올린다. 먹을 때까지 냉장 보관한다.

참고 : 오키나와 흑설탕 피칸 타르트 반죽은 '수분'이 매우 많아서, 굽기 시작할 때 '거품'이 생기고 점차 수분이 날아간다.

패션프루트 망고 디저트

이 디저트에 사용된 생망고는 다채롭고 새콤한 열대과일 풍미의 과일 무스와 잘 어울린다.

린다 봉다라

6~8인분

준비
6시간
휴지
6시간
조리
20~22분

글루텐프리 소프트 비스킷

사탕수수 황설탕 120g
천연 가당 대두 음료
(무가당인 경우 대두 음료 100g당
설탕 12g 추가) 120g
애플사이다 식초 3g
귀리 가루 혹은 오트밀 가루 15g
현미(5분도미) 가루 105g
병아리콩 가루 15g
감자전분 45g
베이킹파우더 7g
아몬드 가루 45g
잔탄검 1g
탈취 코코넛오일 60g
땅콩유 혹은 포도씨유 60g

플랫비터를 장착한 블렌더 컨테이너에 사탕수수 황설탕, 대두 음료, 애플사이다 식초를 넣고 설탕이 완전히 녹을 때까지 섞어 걸쭉한 액체를 만든다. 귀리 가루, 현미 가루, 병아리콩 가루, 감자전분, 베이킹파우더, 아몬드 가루, 잔탄검을 한꺼번에 넣고 잘 섞는다. 전분이 물을 머금도록 20분 기다린다. 블렌더를 고속으로 작동하며 오일을 조금씩 부어 유화한다. 유산지를 깐 오븐팬에 40 x 30㎝ 크기의 스테인리스 틀을 놓고 이 혼합물을 붓는다. L자 스패츌러로 표면을 매끄럽게 다듬고, 컨벡션 오븐에서 표면이 노릇해질 때까지 200°C로 10~12분 굽는다. 미지근하게 식히고, 랩으로 밀착시켜 덮은 후, 완전히 식힌다. 원형틀을 사용해 직경 14㎝의 원형으로 자른다. 남은 비스킷을 잘게 부수어, 컨벡션 180°C의 오븐에 넣어 10분 건조하며 굽는다. 이 비스킷 조각은 크리스피 베이스를 만드는 데 사용한다.

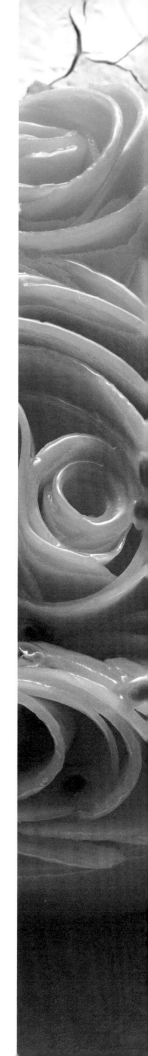

크리스피 베이스

아몬드 인스피레이션 (발로나®) 100g
구운 글루텐프리 소프트 비스킷 110g
아몬드 가루 50g
게랑드 플뢰르 드 셀 1.5g

아몬드 인스피레이션을 전자레인지로 녹인 후, 모든 재료를 섞는다. 유산지를 깔고 이 혼합물을 부은 후, 다시 유산지로 덮고 밀대로 밀어 5㎜ 두께로 펼쳐서 트레이에 옮겨놓는다. 냉장 보관하며 살짝 식히고, 직경 14㎝의 원형으로 자른다.

망고 패션프루트 콩포트

패션프루트 퓌레 200g
사탕수수 황설탕 60g
NH 펙틴 6g
브뤼누아즈 (3㎜ 크기의 깍뚝썰기)
망고 200g

냄비에 패션프루트 퓌레를 넣고 끓인다. 사탕수수 황설탕과 펙틴 혼합물을 넣는다. 펙틴이 녹도록 저으며 1분 끓인다. 불을 끄고 브뤼누아즈 망고를 넣어 잘 섞는다. 직경 14㎝의 원형틀에 부은 후, 원형의 소프트 비스킷을 올리고 식힌 후, 사용하기 직전까지 냉동 보관한다.

패션프루트 망고 무스

코코넛밀크 140g
망고 퓌레 70g
패션프루트 퓌레 80g
아가르 아가르 0.5g
카카오버터 (발로나®) 25g
생화이트 아몬드 퓌레 95g
액상 화이트 윱고 40g
(혹은 아쿠아파바 65g)
사탕수수 황설탕 40g

냄비에 코코넛밀크, 두 가지 과일 퓌레, 아가르 아가르를 넣고 끓인다. 뜨거운 이 혼합물과 카카오버터, 아몬드 퓌레를 핸드 블렌더로 유화한다. 35℃로 식힌다. 윱고에 사탕수수 황설탕을 천천히 부으며 거품기로 섞는다.
윱고와 설탕 혼합물을 과일 혼합물에 조금씩 부으며 잘 섞는다. 냉장 보관한다.

망고 글레이즈

사탕수수 황설탕 90g
글루코스 시럽 24g
NH 펙틴 4g
망고 퓌레 350g

냄비에 망고 퓌레, 설탕 70g, 글루코스 시럽을 넣고 끓인다. 남은 설탕 20g과 펙틴을 섞어 추가한다. 약불로 1분 저으며 펙틴을 녹인다. 식힌다.

조립

유산지를 깐 트레이에 직경 15㎝, 높이 4㎝의 스테인리스 원형틀을 놓는다. 패션프루트 망고 무스를 1/3 높이까지 붓고, 원형의 얼린 콩포트와 원형의 소프트 비스킷을 놓는다.

틀에 거의 가득 무스를 다시 붓고, 원형의 크리스피 베이스를 놓는다. 1시간 냉장 보관하며 식힌 후, 4시간 냉동 보관한다.

마무리
껍질을 벗기고 3mm 두께로 얇게 자른
생망고 1개
패션프루트 1개
뉴트럴 나파주 100g

뉴트럴 나파주를 50℃로 녹이고, 37℃로 사용한다. 망고 글레이즈를 50℃로 녹이고, 40~45℃에서 사용한다. 냉동실에서 디저트를 꺼내어 틀에서 분리하고 중심에 고정핀을 꽂는다. 디저트의 가장자리를 망고 글레이즈에 담근 후 그릴에 옮겨놓고 망고 글레이즈가 흐르다 적당히 굳도록 잠시 놔둔다. 서빙 접시에 디저트를 놓고 붓으로 뉴트럴 나파주를 위에 바른다. 위에 얇게 저민 망고를 올리고, 녹인 뉴트럴 나파주를 여러 겹 바른 후, 패션프루트 씨를 흩뿌린다. 먹을 때까지 냉장 보관한다.

라즈베리 디저트

여름에 수확하는 라즈베리는 질리지 않는 즐거움을 준다. 이 디저트에서 과일은 마스코바도 설탕의 깊은 맛과 잘 어울린다. 라임 제스트의 향은 라즈베리의 청량함을 고조시킨다.

린다 봉다라

라즈베리 디저트 10개

준비
3시간
휴지
7시간
조리
50분

마스코바도 설탕 아몬드 퐁당 비스킷
(레오나르 비스킷의 첫 번째 단)
탈취 코코넛오일 25g
포도씨유 25g
대두 음료 72g
마스코바도 설탕 50g
T45 고운 밀가루 60g
옥수수전분 15g
베이킹파우더 5g
아몬드 가루 30g
간 치아씨드 4g

녹인 코코넛오일이 응고되지 않도록 탈취 코코넛오일과 포도씨유를 섞는다. 상온 보관한다.
플랫비터를 장착한 블렌더 컨테이너에 대두 음료와 설탕을 넣고 설탕이 완전히 녹아 걸쭉해질 때까지 섞는다. 밀가루, 옥수수전분, 베이킹파우더, 아몬드 가루와 간 치아씨드를 한꺼번에 넣고, 매끄러운 반죽이 될 때까지 섞는다. 반죽이 수화되도록 최소 20분 휴지한다. 휴지 후 반죽에 기름을 조금씩 부으며 블렌더를 중속으로 작동해 유화해 고르게 잘 섞인 반죽을 만든다. 눌음방지 실리콘 매트를 깐 40 x 30㎝ 크기의 트레이에 반죽을 붓고, 얇게 펼친 후, L자 스패출러로 표면을 매끄럽게 다듬는다. 반죽을 냉동 보관해 단단하게 만든다.

아몬드 퐁당
(레오나르 비스킷의 두 번째 단)

대두 음료 85g
마스코바도 설탕 47g
감자전분 7g
포도씨유 20g
아몬드 가루 50g

냄비에 대두 음료, 마스코바도 설탕과 감자전분을 넣고 섞는다. 약불로 가열해 걸쭉하게 만든다. 불을 끄고, 포도씨유와 아몬드 가루를 넣는다. 거품기로 섞는다. 식힌 후, 첫 번째 단의 냉동 반죽 표면에 펼쳐놓는다. 컨벡션 오븐에서 표면이 노릇해질 때까지 180°C로 12분 굽는다. 식힌 후, 직경 5cm의 원형 10개를 자른다.

라임 제스트 라즈베리 젤

라즈베리 퓌레 200g
유기농 라임 제스트 5g
가루 설탕 40g
NH 펙틴 3g

설탕 20g을 덜어 펙틴과 섞는다. 작은 냄비에 라즈베리 퓌레와 남은 설탕 20g을 넣고 끓인다. 설탕, 펙틴 혼합물을 넣고 펙틴이 완전히 녹을 때까지 약불로 잠시 더 끓인다. 라임 제스트를 넣고 섞은 후, 젤을 완전히 식힌다. 이 혼합물을 깍지 없는 짤주머니에 넣는다.

라즈베리 크림

라즈베리 퓌레 276g
가루 설탕 84g
쌀 크림 30g
아가르 아가르 1.4g
마가린 180g

작은 냄비에 라즈베리 퓌레, 설탕, 쌀 크림, 아가르 아가르를 넣고 섞은 후, 끓인다. 불을 끄고 마가린을 넣고, 핸드 블렌더로 모두 섞어 유화한다. 바로 사용한다.

스위트 반죽

카카오버터 (발로나®) 30g
포도씨유 12g
T55 밀가루 90g
감자전분 25g
슈거파우더 40g
아몬드 가루 15g
게랑드 플뢰르 드 셀 2g
대두 음료 42g
카카오버터 분말 약간

녹인 카카오버터와 포도씨유를 섞는다. 상온 보관한다. 플랫비터를 장착한 블렌더 컨테이너에 포도씨유와 카카오버터 혼합물과 밀가루, 감자전분을 넣고 섞는다. 슈거파우더와 아몬드 가루를 넣고, 다시 섞는다. 대두 음료를 붓고, 반죽이 뭉치면 블렌더 작동을 멈춘다. 플뢰르 드 셀을 조금씩 넣으며 손으로 반죽한다. 반죽을 랩으로 밀착하게 덮은 후, 최소 20분 냉장 보관한다. 반죽을 2mm 두께로 펼치고, 쿠키커터를 사용해 직경 6cm의 원형 여러 개를 자른다. 반죽을 눌음방지 실리콘 매트 2장 사이에 놓고 컨벡션 오븐에서 170°C로 15분 구운 후, 오븐에서 꺼내 카카오버터를 뿌린다. 식힌다.

라즈베리 포미코 무스
라즈베리 퓌레 200g
아가르 아가르 2g
가루 설탕 40g
액상 화이트 융고 45g

거품기를 장착한 블렌더 컨테이너에 화이트 융고를 넣고 휘핑한 후, 설탕을 조금씩 넣으며 블렌더를 작동해 단단한 머랭을 만든다. 냄비에 라즈베리 퓌레와 아가르 아가르를 넣고 끓인다. 불을 끄고 휘핑한 가당 융고의 1/3을 냄비에 넣어 거품기로 빠르게 저어 섞고, 남은 2/3 융고도 넣어 무스를 만든 후, 거품기를 장착한 블렌더 컨테이너에 뜨거운 무스를 붓는다. 거품기를 위에서 아래로 재빨리 움직이며 혼합한다. 뜨거운 물에 담갔다 뺀 큰 스푼으로 무스를 크넬 모양으로 만들고, 랩을 깐 트레이에 옮겨놓는다. 냉장 보관하며 굳힌다.

반짝 라즈베리 글레이즈
라즈베리 퓌레 300g
생수 50g
사탕수수 황설탕 90g
글루코스 시럽 24g
NH 펙틴 4g

냄비에 라즈베리 퓌레, 물, 사탕수수 황설탕 70g , 글루코스 시럽을 넣고 끓인다. 남은 사탕수수 황설탕 20g과 펙틴 혼합물을 넣는다. 1분 정도 저으며 펙틴이 녹을 때까지 살짝 끓인다. 식힌다.

마무리
생라즈베리 약간

조립 그리고 마무리
원형 마스코바도 설탕 아몬드 퐁당 비스킷에, 라즈베리 젤리를 얇게 짜놓고, 2시간 냉동 보관한다. 유산지를 깐 트레이에 직경 7cm, 높이 2.5cm의 스테인리스 원형틀 10개를 놓는다. 원형 스위트 반죽을 틀에 놓는다. 라즈베리 크림을 틀 높이의 반 정도 붓는다. 중앙에 원형 냉동 마스코바도 설탕 아몬드 퐁당 비스킷을 놓는다. 라즈베리 크림으로 완전히 덮고 표면을 매끄럽게 다듬는다. 4시간 냉동 보관한다.
글레이즈를 50℃로 녹이고, 37℃로 사용한다. 원형틀을 제거하고 글레이즈 처리를 한다. 반짝 라즈베리 글레이즈를 굳힌다. 미니 케이크의 왼쪽에 라즈베리 포미코 무스 크넬을 놓고 생라즈베리를 놓는다. 먹을 때까지 냉장 보관한다.

이스파한

이스파한을 만드는 것은 개인적으로 진정한 도전이었다. 우리 매장 페티쉬(Fetish) 컬렉션의 독특한 맛을 내는 모든 특징을 찾아야 했고, 그 결과는 최고였다. 마카롱의 식감은 우리의 기대대로 바삭하고 부드러우며, 크림은 정말 맛있고, 과일의 맛은 더욱 강렬하다.

피에르 에르메

이스파한 10개

준비
6시간
휴지
13시간
조리
15~20분

시럽에 절인 리치
(하루 전 준비)
물기를 뺀 시럽에 절인 리치 150g

리치의 물기를 뺀다. 과일의 크기에 따라 두세 조각으로 자르고, 밤새 냉장 보관하며 물기를 뺀다.

로즈 마카롱 비스킷
아몬드 가루 250g
슈거파우더 250g
빨간색 천연 식용 색소 몇 방울
생수 245g
감자전분 14g
가루 설탕 250g

아몬드 가루, 슈거파우더, 색소를 섞어 탕푸르탕*을 만든다.
물 90g과 감자 단백질 5g을 섞은 후, 이 혼합물을 탕푸르탕, 색소 혼합물과 섞는다. 냄비에 설탕과 물 65g을 넣어 끓이고, 온도계나 전자온도계로 측정해 118℃로 만든다. 남은 생수와 감자 단백질을 섞는다. 설탕물이 110℃가 되면 물, 감자 단백질 혼합물을 휘핑해 머랭을 만든다. 너무 단단하지 않게 머랭이 만들어지면 블렌더를 중속으로 작동하며 끓인 설탕물을 붓는다. 35~40℃로 식힌 다음, 컨테이너를 꺼낸다. 탕푸르탕, 색소, 물, 단백질 혼합물에 머랭을 넣는다. 거품기를 넣었다 꺼내기를 반복한다.

---

* tant-pour-tant : 슈거파우더와 아몬드가루를 같은 비율로 섞은 혼합물로 제과 및 당과류 제조 전문가들이 비스퀴 반죽, 아몬드 크림, 프티푸르용 코크 등을 만들 때 사용한다. (『그랑 라루스 요리백과』, 시트롱마카롱)

만들기와 굽기

짤주머니에 11㎜ 원형 깍지를 장착하고 유산지를 깐 오븐팬에 직경 7㎝의 마카롱 비스킷 코크 20개를 짜놓는다. 30~45분 상온에서 '굳힌다'. 컨벡션 165℃의 오븐에서 15~20분 굽는다. 이때 잠깐씩 두 번 오븐 문을 열어 습기를 제거한다. 오븐팬에 그대로 둔 채 식힌다. 유산지를 제거하고 그릴에 옮겨 식힌다.

이탈리안 머랭

생수 180g
콩 단백질 10g
잔탄검 0.25g
가루 설탕 235g

핸드 블렌더로 물 105g, 콩 단백질, 잔탄검을 섞는다. 20분 냉장 보관 후, 거품기를 장착한 블렌더 컨테이너에 넣고 중속으로 섞어 머랭을 만든다. 냄비에 남은 물과 설탕을 넣고 끓인 후, 온도계 또는 전자온도계로 측정해 121℃로 만든다. 물, 단백질, 잔탄검 혼합물에 조리한 설탕을 조금씩 붓는다. 같은 속도로 휘핑하며 식힌다.

참고 : 일단 차가워지면 머랭이 굳지 않게 저속으로 계속 섞어야 최상의 형태와 결과를 얻을 수 있다.

로즈 페탈 크림

이탈리안 머랭 230g
마가린 250g
천연 장미 아로마 2.7g
빨간색 천연 식용 색소 몇 방울

거품기를 장착한 블렌더 컨테이너에 상온의 마가린을 넣고 유화한 후, 이탈리안 머랭을 기계가 아닌 손으로 섞는다. 이렇게 얻은 혼합물이 가벼운 크림 같은 농도가 되도록 잘 섞는다. 크림이 매끄럽고 고르게 잘 섞였다면, 천연 장미 아로마와 색소를 넣고 섞는다. 바로 사용하거나 밀폐용기에 넣어 냉장 보관한다.

조립과 마무리
글루코스 시럽 약간
생라즈베리 350~400g
빨간 장미 꽃잎 10장

유산지를 깐 트레이에 로즈 마카롱 비스킷 코크 10개를 뒤집어 놓는다. 짤주머니에 10㎜ 원형 깍지를 장착하고 로즈 페탈 크림을 나선형으로 짜 넣은 후, 겉으로 보이게 로즈 마카롱 비스킷의 외경을 따라 왕관 모양으로 라즈베리를 놓는다. 중앙에 물기 뺀 리치를 놓고, 다시 크림을 짜 넣고, 남은 로즈 마카롱 비스킷 코크를 덮는다. 살짝 누른다. 이스파한을 1시간 냉장 보관한다. 종이로 만든 깔대기로 글루코스 시럽 한 방울을 적신 빨간 장미 꽃잎과 생라즈베리로 장식한다. 사용할 때까지 냉장 보관한다.

과일과 타르트 디저트 달콤한 과일 맛

빅토리아 파블로바

1980년대 후반 내가 고안했던 코코넛, 파인애플, 라임 버전에 흑후추, 고수잎을 추가하면서 점차 업그레이드된 디저트이다. 여기서의 과제는 머랭의 질감을 살리면서 레시피를 완성해서 제대로 굽는 것이었다. 코코넛의 맛을 강조하면서 풍미를 살리기 위해 탈취 코코넛오일을 사용한 것이 신의 한수였다.

피에르 에르메

파블로바 10개

준비
6시간
휴지
12시간
조리
2시간

알바 크림
(하루 전 준비)
대두 음료 200g
탈취하지 않은 코코넛오일 200g
잔탄검 2g

냄비에 대두 음료를 부어 가열하고 온도계나 전자온도계로 측정해 45℃로 만든 후, 탈취하지 않은 코코넛오일을 붓고, 잔탄검을 넣는다. 핸드 블렌더로 섞어 완벽하게 유화한다. 이 혼합물의 온도는 35~40℃로 만든다. 그라탱 용기에 옮겨 담고, 랩으로 밀착해 덮은 후, 12시간 냉장 보관하며 식히고 굳힌다.

코코넛 라임 머랭
생수 118g
감자 단백질 6g
잔탄검 1.2g
고운 소금 0.8g
가루 설탕 240g
감자전분 34g
유기농 라임 제스트 1g
채 썬 코코넛 소량

마이크로플레인® 제스터로 라임 제스트를 만든다. 핸드 블렌더로 감자 단백질, 소금, 잔탄검, 생수를 섞는다. 거품기를 장착한 블렌더 컨테이너에 이 혼합물을 붓고 설탕을 조금씩 첨가하며 소프트 머랭을 만든다. 감자전분과 라임 제스트를 섞은 후, 실리콘 주걱으로 머랭에 섞는다. 바로 사용한다.

유산지를 깐 오븐팬에 15mm 매끄러운 깍지를 장착한 짤주머니로 직경 6cm의 머랭 볼을 짜놓는다. 가늘게 채 썬 코코넛을 살짝 흩뿌린다. 컨벡션 오븐에서 100℃로 2시간 굽는다. 이때 오븐 문을 두 번 빠르게 열어 습기를 제거한다. 식힌다. 랩으로 덮어 상온 보관한다.

참고 : 굽는 시간을 2시간이라고 했지만, 오븐에 따라 달라질 수 있다. 머랭은 바삭해야 한다.

제과용 코코넛 크림
귀리 음료 95g
코코넛 퓌레 110g
가루 설탕 30g
옥수수전분 17g
마가린 2.5g

옥수수전분을 체에 친다. 냄비에 귀리 음료, 코코넛 퓌레, 설탕 10g을 넣고 끓인다. 옥수수전분과 남은 설탕을 섞는다. 이 혼합물을 귀리 음료, 코코넛 혼합물에 두 번에 나눠 부으며 녹인다. 거품기를 빨리 저어 제과용 크림을 섞으며 끓인다. 불을 끈 후, 마가린을 넣고 섞는다. 그라탱 용기로 옮겨 담고, 랩으로 밀착하게 덮어 식힌다. 냉장 보관한다.

코코넛 라임 크림
제과용 코코넛 크림 125g
유기농 라임 ½개의 제스트
알바 크림 250g

마이크로플레인® 제스터로 라임 제스트를 만든다. 거품기를 장착한 블렌더 컨테이너에 알바 크림을 넣고 휘핑한다. 거품기로 제과용 크림을 매끄럽게 다듬고, 라임 제스트를 넣은 후, 휘핑한 알바 크림을 실리콘 주걱으로 섞는다. 바로 사용한다.

참고 : 알바 크림은 매우 단단한 크림이다. 갈라질 정도로 너무 많이 휘핑하지 않도록 주의해야 한다.

에그조틱 나파주

생수 100g
유기농 오렌지 ¼개의 제스트
유기농 레몬 ½개의 제스트
쪼개서 긁은 바닐라빈 ½개
가루 설탕 80g
NH 펙틴 8g
유기농 레몬즙 8g
굵게 다진 생박하잎 2장

채소 필러로 감귤류 제스트를 만든다. 냄비에 물, 제스트, 쪼개서 긁어낸 바닐라빈을 넣어 데우고, 온도계나 전자온도계로 측정해 45℃로 만든다. 펙틴과 혼합한 설탕을 넣고 3분 끓인다. 불을 끄고 레몬즙과 생박하잎을 넣어 섞은 후, 30분 우리고 체로 거른다. 바로 사용하거나, 식혀서 냉장 보관한다.

조미 파인애플

잘 익은 파인애플 스틱 500g
잘게 자른 생고수잎 5g
간 사라왁 통후추 약간
유기농 레몬 ½개의 제스트
에그조틱 나파주 50g

마이크로플레인® 제스터로 라임 제스트를 만든다. 파인애플을 도마에 놓고 칼로 양끝을 자르고 껍질을 벗긴 후, 길이 3cm, 두께 5mm 스틱으로 자른다. 스테인리스 믹싱볼에 자른 파인애플을 넣고, 나머지 재료들과 미리 35℃로 데운 에그조틱 나파주를 넣은 후, 조심히 섞는다. 바로 사용한다.

조립

생고수잎 30장

접시 중앙에 평평한 면이 위로 향하도록 머랭을 뒤집어 놓는다. 15mm 매끄러운 깍지를 장착한 짤주머니로 코코넛 라임 크림 볼을 짜 올린다. 머랭 위에 지름 6cm의 쿠키 커터를 사용해 양념한 파인애플 스틱을 배열한다. 머랭은 매우 빠르게 물러지기 때문에 생고수잎 3장을 장식하고 바로 먹는다.

아틀라스 가든 바바

아틀라스 가든 바바의 경우 처음 만들 때부터 무알코올 레시피를 생각했다. 따라서 특색이 있는 시럽이 필요했다. 나는 코르시카 잡목숲의 매우 독특한 향을 지닌 꿀(miel du maquis corse)*을 사용하기로 결정했다. 항상 다른 방식을 시도하고, 새로운 것을 배우고, 다른 문화와 기술에 개방적이어야 한다는 것이 내 생각이지만, 절대로 맛을 양보할 수는 없다.

피에르 에르메

바바 10개

준비
6시간
휴지
24시간
조리
30분

바바 반죽
(시럽 적시기 이틀 전 준비)
T45 밀가루 190g
생수 150g
가루 설탕 30g
게랑드 플뢰르 드 셀 2.5g
생이스트 10g
탈취 코코넛오일 30g

탈취 코코넛오일을 녹이고, 30~35℃ 온도로 보관한다. 소량용 후크 혹은 플랫비터를 장착한 블렌더 컨테이너에 이스트와 3/4 분량의 생수를 넣고 녹인 후, 밀가루와 설탕을 넣는다. 반죽이 고르게 잘 섞이도록 저속으로 섞은 후, 끈적이지 않고 매끈한 반죽이 될 때까지 중속으로 섞고, 남은 물을 넣는다. 반죽이 컨테이너에서 떨어지기 시작할 때까지 블렌더를 작동한다. 이때 반죽의 온도는 25℃가 된다. 25℃의 반죽에 탈취 코코넛오일과 플뢰르 드 셀을 넣는다. 반죽이 컨테이너의 벽면에서 떨어져 부딪힐 때까지 중속으로 블렌더를 작동한다 (이때 반죽의 온도는 26℃이다). 오일 스프레이로 직경 7cm의 사바린틀 10개에 기름을 바르고, 깍지 없는 짤주머니로 틀의 1/3 높이까지 반죽을 채운다. 틀을 바닥에 쳐서 기포를 최대한 제거한다.
2℃에서 45분 발효시킨다. 컨벡션 오븐에서 170℃로 20분 굽고, 틀을 제거한 후 다시 오븐에 넣어 10분 굽는다. 2일 상온 건조한다. 밀폐용기에 담아 보관한다.

* 코르시카 마키 꿀은 계절에 따라 색과 향, 맛이 달라진다. 실제로 봄부터 가을까지 시차를 두고 새롭게 개화한다. 봄에는 헤더와 바다 라벤더가 주를 이룬다.

참고 : 바바는 가능한 많은 시럽을 흡수하기 위해 잘 건조되어야 한다. 그래야 입안에서 살살 녹고, 촉촉한 질감이 된다.

홈메이드 레몬 오렌지 콩피
(하루 전 준비)
유기농 레몬 2개
유기농 오렌지 1개
생수 1kg
가루 설탕 500g

톱칼로 감귤류의 양쪽 끝을 자르고, 위에서 아래로 4등분한다. 다음과 같이 세 번 연속 데친다. 충분한 양의 끓는 물에 감귤류를 넣고 2분 끓인 후, 건져 찬물에 헹군다. 두 번 더 반복하고 물기를 뺀다. 냄비에 설탕과 물을 넣고 끓여 시럽을 만든다. 시럽에 감귤류를 넣은 후, 부드러움을 유지하고 튀는 것을 막기 위해 뚜껑을 덮고 2시간 약불로 졸인다. 다른 그릇에 옮겨 시럽에 담근 채 밤새 냉장 보관한 후, 1시간 체에 걸러 물기를 제거한다. 따로 냉장 보관한다.

데치고 썬 오렌지 슬라이스
(하루 전 준비)
생수 500g
가루 설탕 250g
유기농 오렌지 슬라이스 150g

냄비에 물과 설탕을 넣고 끓인다. 칼로 오렌지를 2㎜ 두께로 얇게 저민다. 그라탱 용기에 최대 1.5㎝ 두께로 담는다. 그 위로 끓는 시럽을 붓고, 24시간 재운다. 물기를 제거하고, 블렌더로 간다.

오렌지 레몬 콩포트
(하루 전 준비)
유기농 레몬즙 60g
가루 설탕 30g
데치고 썬 오렌지 슬라이스 140g
유기농 오렌지 제스트 3g
NH95 펙틴 5.5g

믹싱볼에 설탕과 펙틴을 넣어 섞는다. 냄비에 레몬즙과 데치고 썬 오렌지 슬라이스를 넣어 끓이고, 온도계나 전자온도계로 측정해 40℃로 만든다. 설탕, 펙틴 혼합물을 넣고 끓인다. 그라탱 접시에 랩을 깔고 오렌지 레몬 콩포트를 부은 후, 최소 12시간 냉장 보관하며 식힌다. 1㎝ 크기 큐브로 자르고 얼린다. 밀폐용기에 담아 냉동 보관한다.

알바 크림
(하루 전 준비)
대두 음료 200g
탈취 코코넛오일 200g
잔탄검 0.4g

대두 음료를 끓이고 온도계 또는 전자온도계로 측정해 45℃로 만든 후, 탈취 코코넛오일과 잔탄검을 넣는다. 핸드 블렌더로 잘 섞어 유화한다. 이 혼합물의 온도는 35℃~40℃여야 한다. 스테인리스 배트에 옮겨 담아 랩으로 밀착해 덮고 식힌 후, 12시간 냉동 보관하며 굳힌다.

시럽
(하루 전 준비)
생수 650g
코르시카 마키 꿀 260g
유기농 레몬 제스트 10.5g
유기농 오렌지 제스트 10.5g
유기농 레몬즙 105g

채소 필러로 감귤류 제스트를 만들고, 물과 꿀을 섞은 혼합물에 제스트를 넣는다. 이 혼합물을 끓인 후, 냉장 보관하며 밤새 우린다. 감귤류 즙을 넣고 거름망으로 거른다. 50℃로 만들어 바로 사용하거나, 식혀서 냉장 보관한다.

바바 적시기

큰 그릇에 50℃의 시럽을 붓고, 바바를 넣는다. 바바가 시럽에 잠기도록 그릴이나 누름돌로 누르고 밤새 냉장 보관한다. 바바가 시럽에 푹 적셔지면 거품국자로 꺼내 그릴이나, 트레이에 옮겨놓는다. 2시간 냉장 보관하며 물기를 뺀다.

오렌지꽃 제과용 크림
귀리 음료 200g
옥수수전분 25g
가루 설탕 40g
유기농 오렌지 ¼개의 제스트
천연 오렌지꽃 아로마 2g
마가린 50g

옥수수전분을 체에 친다. 냄비에 귀리 음료, 설탕 1/3 분량, 오렌지 제스트를 넣고 끓인다. 남은 설탕과 옥수수전분을 섞는다. 이 혼합물을 귀리 음료, 설탕, 오렌지 제스트 혼합물의 1/2 분량에 녹인 후, 남은 음료를 붓는다. 제과용 크림을 거품기로 빠르게 저어 섞으며 끓인다. 불을 끄고 마가린과 천연 오렌지꽃 아로마를 넣어 섞은 후, 식힌다. 바로 사용하거나 냉장 보관한다.

오렌지꽃 크림

제과용 오렌지꽃 크림 165g

알바 크림 335g

거품기를 장착한 블렌더 컨테이너에 알바 크림을 넣고 휘핑한다. 거품기로 제과용 오렌지꽃 크림을 매끄럽게 다듬고, 실리콘 주걱으로 휘핑한 알바 크림과 섞는다. 바로 사용한다.

참고 : 알바 크림은 매우 단단한 크림이다. 갈라질 정도로 너무 많이 휘핑하지 않도록 주의해야 한다.

달콤한 꿀

코르시카 마키 꿀 266g

마가린 110g

거품기를 장착한 블렌더 컨테이너에 마가린을 넣고 휘핑한 후, 꿀을 넣는다. 바로 사용한다.

조립과 마무리

뉴트럴 나파주 150g

유기농 레몬 2개

붓으로 차가운 바바에 미지근하게 데운 뉴트럴 나파주를 바른다. 접시에 놓는다. 바바 안에 달콤한 꿀을 채워 넣고, 오렌지와 레몬 콩포트 큐브를 흩뿌린다. 레몬 조각을 올린다. F7 샹티이 깍지를 장착한 짤주머니로 오렌지꽃 크림을 꽃 모양으로 짜 올린다. 둥글게 썬 직경 1㎝ 크기의 홈메이드 레몬 콩피 2개와, 둥글게 썬 직경 2.5㎝ 크기의 홈메이드 오렌지 콩피 1개로 장식한다. 먹을 때까지 냉장 보관한다.

프레지에

프레지에는 언제나 내가 가장 좋아하는 케이크였다. 여기에 소개한 비건 버전은 아몬드 페이스트, 레오나르 비스킷, 알바 크림과 조합해 만들었다.

린다 봉다라

6~8인분

준비
6시간
휴지
14시간
조리
10분

**바닐라 알바 크림
(하루 전 준비)**
타히티 바닐라빈 1개
대두 음료 220g
탈취 코코넛오일 135g
사탕수수 황설탕 35g
옥수수전분 10g
상온의 마가린 100g

바닐라빈을 쪼개서 씨를 긁어낸다. 바닐라빈과 대두 음료 125g, 탈취 코코넛오일을 섞어 끓인다. 뚜껑을 덮고 15분 우린다. 바닐라빈을 제거하고 이 혼합물을 30℃로 식힌다. 핸드 블렌더를 1~2분 작동해 고르게 잘 섞어 뽀얗고 불투명한 질감이 될 때까지 유화한다. 첫 번째 유액을 7℃로 사용할 수 있게 냉장 보관한다.

작은 냄비에 사탕수수 황설탕, 옥수수전분, 남은 대두 음료를 붓고 녹인다. 끓여서 걸쭉하게 만든 후, 불을 끄고 마가린을 넣어 핸드 블렌더로 뜨거운 혼합물을 유화한다. 두 번째 유액을 식힌 후, 12시간 냉장 보관하며 크림을 굳힌다.

다음과 같이 알바 크림을 만든다. 거품기를 장착한 블렌더 컨테이너에 7℃인 첫 번째 유액을 넣고 휘핑해 단단한 샹티이 크림을 만든다. 거품기로 두 번째 유액을 휘핑해 부드럽게 만들고, 세 번에 나눠 블렌더의 혼합물과 섞는다. 크림은 윤기 나며 단단한 동시에 부드러운 질감이어야 한다. 알바 크림을 짤주머니에 담아 바로 사용한다.

과일과 타르트 디저트 달콤한 과일 맛

레몬 제스트 레오나르 비스킷

사탕수수 황설탕 95g
대두 음료 145g
T45 고운 밀가루 120g
옥수수전분 30g
아몬드 가루 60g
레몬 제스트 5g
베이킹파우더 10g
분쇄한 치아씨드 8g
탈취 코코넛오일 50g
올리브오일 50g
아몬드 슬라이스 40g
화이트 초콜릿 80g

플랫비터를 장착한 블렌더 컨테이너에 사탕수수 황설탕과 대두 음료를 넣고 설탕이 완전히 녹을 때까지 섞는다. 밀가루, 옥수수전분, 아몬드 가루, 레몬 제스트, 베이킹파우더, 치아씨드를 한꺼번에 넣고 잘 섞어 매끄러운 반죽을 만든다. 반죽이 유화하고 부풀도록 최소 20분 휴지한다. 냄비에 탈취 코코넛오일을 넣고 약불로 서서히 녹이고, 올리브오일을 넣는다. 오일 혼합물을 상온으로 식힌다. 컨벡션 오븐을 200℃로 예열한다.

휴지 후 블렌더 컨테이너에 오일을 조금씩 부으며 중속으로 작동해 반죽이 고르게 잘 섞일 때까지 유화한다. 유산지를 깐 40 x 30㎝ 오븐팬에 반죽을 붓고 L자 스패출러로 표면을 매끄럽게 다듬는다. 아몬드 슬라이스로 표면을 덮는다. 컨벡션 오븐으로 표면이 노릇해질 때까지 10분 굽는다. 구운 후 식히고 유산지를 제거한다. 직경 16㎝ 원형 1개와 직경 12㎝ 원형 1개를 자른다. 화이트 초콜릿을 중탕으로 녹인다. 아몬드 슬라이스의 바삭함이 유지되도록 녹인 화이트 초콜릿을 16㎝ 원형 비스킷에 바른다.

바닐라 시럽

생수 250g
가루 설탕 125g
타히티 바닐라빈 1개
아가르 아가르 1g

바닐라빈을 쪼개 씨를 긁어낸다. 작은 냄비에 물, 바닐라, 설탕, 아가르 아가르를 넣고 끓인다. 시럽이 굳기 전 여전히 뜨거울 때 붓으로 원형 비스킷에 적신다. 직경 12㎝ 비스킷은 앞뒤 모두, 직경 16㎝ 비스킷은 화이트 초콜릿이 없는 면만 시럽을 적신다.

딸기 콩피

생딸기 200g
가루 설탕 30g
NH 펙틴 4g
딸기 퓌레 190g
레몬즙 10g

딸기를 1㎝ 크기로 깍뚝썰기 하고 냉장 보관한다. 펙틴과 설탕 15g을 섞어 둔다. 작은 냄비에 딸기 퓌레, 레몬즙, 남은 설탕을 넣고 거품기로 섞는다. 끓인다. 설탕, 펙틴 혼합물을 조금씩 붓고 섞으며 1분 끓인다. 불을 끄고 딸기 큐브를 넣는다. 깍지 없는 짤주머니에 딸기 콩피를 넣어 냉장 보관한다.

생딸기 150g
아몬드 50% 아몬드 페이스트 180g

딸기 끝(잎이 있는 부분)을 잘라, 모두 같은 높이로 맞춘다. 길이로 이등분 한다. 유산지를 깐 트레이에 직경 16cm, 높이 4cm 크기의 원형 스테인리스 디저트 틀을 놓는다. 틀 안쪽 가장자리에 높이 4cm의 비닐을 두른다. 위에 아몬드 슬라이스를 뿌리고 시럽에 절인 직경 16cm 원형 비스킷을 바닥에 깐다. 원형 비스킷 표면 전체에 반으로 자른 딸기를 올린다. 이때 딸기의 잘린 면이 틀 둘레의 비닐에 살짝 눌리도록 신경 쓴다. 바닐라 알바 크림을 틀 높이의 1/3까지 채운다. 딸기 콩피를 채우고 알바 크림으로 살짝 덮는다. 미리 시럽에 절인 두 번째 레오나르 비스킷을 올리고, 알바 크림으로 완전히 덮는다. 스패츌러로 표면을 매끄럽게 다듬고 최소 2시간 냉장 보관한다.

아몬드 페이스트를 반죽해, 랩을 깔고 놓고 다시 랩으로 덮은 후 2mm 두께로 펼친다. 랩을 제거하고 불규칙한 주름이 지게 아몬드 페이스트를 접는다. 주름진 아몬드 페이스트를 직경 16cm의 원형으로 자르고 프레지에 표면에 올린다. 토치로 굽고, 자르지 않은 생딸기로 장식한다. 스테인리스 원형틀과 가장자리의 비닐을 제거한다. 차갑게 먹는다.

참고 : 알바 크림은 일반적으로 탈취 코코넛오일 1/3, 대두 음료 1/3을 휘핑해 샹티이 크림을 만든 후 제과용 크림 1/3을 추가해서 만드는 비건 휘핑 크림이다. 이 레시피에서는 케이크의 모양이 더 잘 유지되도록 마가린을 추가해서 맛이 더욱 풍부하다.

이스파한 바바

바바는 내가 가장 좋아하는 디저트 중 하나다. 믿을 수 없을 정도로 정밀하고 순수한 바바의 맛은 놀라울 뿐이다. 바바의 가볍고 촉촉한 질감은 바바와 사랑에 빠지지 않을 수 없게 만든다. 바바 위에 얹은 체리, 라즈베리 오드비* 의 매력은 말할 필요도 없다!

피에르 에르메

6~8인분

준비
6시간
휴지
24시간
조리
30분

바바 반죽
(시럽에 적시기 이틀 전 준비)
T45 밀가루 190g
생수 150g
가루 설탕 30g
게랑드 플뢰르 드 셀 2.5g
생이스트 10g
탈취 코코넛오일 30g

탈취 코코넛오일을 녹인 후, 30~35℃로 보관한다. 후크 또는 플랫비터를 장착한 소량용 블렌더 컨테이너에 이스트와 3/4 분량의 생수를 넣고 녹인 후, 밀가루와 설탕을 넣는다. 블렌더를 저속으로 작동해 반죽을 고르게 잘 섞은 후, 속도를 높여 중속으로 작동해 반죽이 컨테이너에서 떨어질 때까지 섞는다. 남은 물을 넣는다. 반죽이 컨테이너 벽에서 떨어지기 시작하고 온도가 25℃가 될 때까지 블렌더를 계속 작동한다. 25℃의 탈취 코코넛오일과 플뢰르 드 셀을 넣는다. 반죽이 컨테이너 벽에서 떨어지며 부딪치는 소리가 날 때까지 블렌더를 중속으로 계속 작동한다 (이때 반죽의 온도는 26℃다). 오일 스프레이로 직경 18㎝의 사바린 틀에 기름을 바른다. 깍지 없는 짤주머니로 틀의 1/3높이까지 반죽을 채웠다가 꺼내 손으로 모양을 만들고, 중앙에 구멍을 낸 후 틀에 넣는다. 틀을 바닥에 두드려 최대한 많은 기포를 제거한다. 32℃에서 45분 발효시킨다. 컨벡션 오븐에서 170℃로 20분 구운 후, 틀을 제거하고 다시 오븐에 넣어 10분 굽는다. 상온에서 이틀 건조한다. 밀폐용기에 담아 보관한다.

* Eau de vie. 증류를 통해 얻어지는 스피릿 주류. 연금술사들은 증류주를 생명의 물(라틴어 aqua vitae)이라고 불렀다. 본래 치료의 목적으로 제조되었다. '오드비'라는 명칭은 처음에 포도주를 증류해 만든 알코올 도수 70%Vol. 이하의 술을 지칭했으나, 이후 모든 종류의 발효액을 원료로 한 모든 종류의 증류주를 통칭하게 되었다. (『그랑 라루스 요리백과』, 시트롱마카롱)

참고 : 바바는 시럽을 최대한 흡수하기 위해 잘 건조해야 한다. 그래야 입안에서 살살 녹는 촉촉한 바바가 된다.

소프트 라즈베리 크림
(하루 전 준비)
옥수수전분 12g
NH 펙틴 2.5g
라즈베리 퓌레 330g
탈취 코코넛오일 60g
액상 레시틴 1.5g

옥수수전분과 NH 펙틴을 섞어 체에 친다. 냄비에 라즈베리 퓌레를 넣고 끓인 후, 온도계나 전자온도계로 측정해 40°C로 만든다. 거품기로 빠르게 저으며 옥수수전분, 펙틴 혼합물을 넣고 끓인다. 탈취 코코넛오일과 레시틴을 붓는다. 핸드 블렌더로 섞어 완전히 유화한다. 그라탱 용기에 옮겨 담고 랩으로 밀착하게 덮은 후 식힌다. 12시간 냉장 보관하며 굳힌다.

알바 크림
(하루 전 준비)
대두 음료 200g
탈취 코코넛오일 200g
잔탄검 0.4g

대두 음료를 끓이고 온도계 또는 전자온도계로 측정해 45°C로 만든 후, 탈취 코코넛오일과 잔탄검에 붓는다. 핸드 블렌더로 섞어 완전히 유화한다. 이 혼합물의 온도는 35~40°C여야 한다. 그라탱 용기에 옮겨 담고 랩으로 밀착하게 덮은 후 식힌다. 12시간 냉장 보관하며 굳힌다.

시럽에 절인 리치
(하루 전 준비)
물기를 제거한 시럽에 절인 리치 150g

리치의 물기를 제거한다. 리치의 크기에 따라 두세 조각으로 자르고, 밤새 냉장 보관하며 물기를 제거한다.

라즈베리 로즈 바바 시럽
생수 600g
가루 설탕 250g
라즈베리 퓌레 100g
장미 에센스 60g
라즈베리 오드비 50g

냄비에 물, 설탕, 라즈베리 퓌레를 넣고 끓인다. 불을 끄고, 장미 에센스와 라즈베리 오드비를 넣는다. 50°C에서 바로 사용하거나, 식혀서 냉장 보관한다.

바바 시럽 적시기
큰 용기에 50°C의 시럽을 붓고, 바바를 넣는다. 바바가 잠기도록 스테인리스 그릴 혹은 누름돌로 누르고, 밤새 냉장 보관한다. 바바가 시럽에 적셔지면 큰 거품국자로 건져 트레이에 놓은 스테인리스 그릴에 올려놓는다. 2시간 냉장 보관하며 물기를 제거한다.

제과용 로즈 크림

귀리 음료 200g
옥수수전분 25g
가루 설탕 40g
장미 에센스 5.5g
마가린 50g

옥수수전분을 체에 친다. 냄비에 귀리 음료와 1/3 분량의 설탕을 넣고 끓인다. 옥수수전분과 남은 설탕을 섞는다. 설탕과 섞은 귀리 음료의 1/2을 넣고 거품기로 빠르게 저어 녹인다. 불을 끄고 마가린과 장미 에센스를 넣고 섞은 후 식힌다. 바로 사용하거나, 냉장 보관한다.

로즈 크림

제과용 로즈 크림 165g
알바 크림 335g

거품기를 장착한 블렌더 컨테이너에 알바 크림을 넣고 휘핑한다. 거품기로 제과용 로즈 크림을 매끄럽게 다듬고, 실리콘 주걱으로 휘핑한 알바크림을 섞는다. 바로 사용한다.

참고 : 알바 크림은 매우 단단한 크림이다. 갈라질 정도로 너무 많이 휘핑하지 않도록 주의해야 한다.

조립과 마무리

라즈베리 오드비 100g
뉴트럴 나파주 150g
글루코스 약간
빨간 장미꽃잎 3장
생라즈베리 3개

바바에 라즈베리 오드비를 넉넉하게 뿌린다. 붓으로 차가운 바바에 바로 데운 뉴트럴 나파주를 바른다. 접시에 바바를 옮겨놓는다. 바바 가운데 구멍에 리치 조각을 놓고, 원형 깍지를 장착한 짤주머니로 소프트 라즈베리 크림을 짜 넣는다. 20㎜ 생토노레 깍지를 장착한 짤주머니로 제과용 로즈 크림을 지그재그로 장식한다. 생라즈베리 3개와 빨간 장미 꽃잎 3장을 올리고, 시럽용 고깔을 이용해 글루코스 시럽을 한 방울 떨어뜨려 이슬 모양을 만든다.

아이스크림

그리고 소르베

차가운 즐거움

소르베는 만들기 쉽지만, 아이스크림은 완전히 다른 문제이다. 우리는 아이스크림의 감미로운 맛과 부드러운 느낌을 찾아야 했다. 익숙하지 않은 재료를 사용하며 재료 각각의 맛을 살리는 것이 최우선 과제이기 때문에 우리의 생각과 달리 아이스크림을 완성하는 데는 많은 시간과 수차례의 시도가 필요했다. 맛 표현과 질감이 달랐다.

나는 '페티쉬' 중 '우레아'와 '밀레나' 두 가지 맛을 기준으로 우리가 원하는 질감을 찾기 위해 노력했다. 더 훌륭한 제품까지는 아니더라도 비슷하게 만드는 것이 우리의 목표였기 때문에 기존에 있던 이 두 아이스크림을 비건 버전으로 만드는 것은 어려운 일이었다. 달걀, 우유, 크림의 놀라운 특성을 대체하는 것은 또 다른 어려움이었다. 내 생각에 아이스크림에서 맛 다음으로 중요한 부드러운 완벽한 질감을 얻기 위해 유액을 완성하는 기술에 집중했다. 아이스크림 단맛의 정도, 질감 그리고 부드러움을 조절하기 위해 감미료들을 배합했다. 이어서 감미료들과 탈취 코코넛오일과 같은 식물성 지방, 비건 음료, 증점제, 재료들을 연결해주는 감귤류 섬유질 사이의 적절한 균형을 찾는 실험을 했다. 이처럼 아이스크림을 대하는 색다른 방식은 창의성의 한계를 끊임없이 초월하게 한다.

우리가 만든 아이스크림의 특징은 한 입 먹을 때마다 예기치 못한 느낌을 주는 마블링이다. 이후 내가 만든 모든 아이스크림 디저트 제품은 각 층마다 계량하고 배합한 후, 아이스크림 스쿱으로 혼합하고 여러 향을 겹치는 마블링 원칙을 사용한다. 여기에 소개하는 비건 버전 역시 이러한 방법에서 어긋나지 않았다.

다시 말하지만 내가 추구하는 것은 비교가 아니라 온전히 나의 기호에 따라 각 제품의 긍정적인 면을 끌어내고, 다른 감정과 감각을 발견하는 것이다.

엥피니망
코코넛 아이스크림

아이스크림을 만들 때 어려운 점은 재료들과 감미료의 적절한 균형을 찾고, 내가 중요하게 생각하는 부드러운 질감을 얻기 위해 완벽한 유액을 만드는 것이다. 코코넛 아이스크림은 라임 제스트와 잘게 썬 고수잎으로 맛을 낸 생파인애플 조각 혹은 캐러멜라이징한 파인애플과 완벽하게 어울린다.

피에르 에르메

아이스크림 2리터

준비
2시간
휴지
5시간
조리
12~15분

코코넛 아이스크림
채 썬 코코넛 35g
코코넛밀크 720g
가루 설탕 150g
전화당 50g
탈취 코코넛오일 30g
코코넛 퓌레 400g
글루코스 분말 70g
덱스트로스 42g
감귤류 섬유질 4g
구아검 2g
캐롭검 2g

오븐을 150℃로 예열한다.
유산지를 깐 트레이에 채 썬 코코넛을 펼쳐놓고 12~15분 굽는다. 오븐에서 꺼내 식힌다.
냄비에 코코넛밀크와 코코넛 퓌레를 붓고 불에 올린다. 25℃가 되면 감귤류 섬유질을 넣는다. 30℃가 되면 설탕 125g, 덱스트로스, 글루코스 분말, 전화당을 넣는다. 40℃가 되면 미리 40℃로 녹여놓은 탈취 코코넛오일을 넣는다. 45℃가 되면 구아검, 캐롭검, 남은 설탕을 넣는다. 2분 더 불에 두어, 온도계나 전자온도계로 측정해 85℃로 만든다. 이 혼합물을 핸드 블렌더로 고르게 잘 섞는다. 4℃로 식히고, 원심분리기로 돌리기 전 최소 4시간 숙성시킨다.
스테인리스 배트를 30분 냉동 보관한다. 핸드 블렌더로 아이스크림을 다시 섞는다. 원심분리기를 돌린다. 원심분리기에서 꺼내 냉동 보관한 스테인리스 배트에 아이스크림을 옮겨 담고, 구운 코코넛을 흩뿌린 후, 냉동 보관한다. 먹기 전 30분 냉장 보관한다.

참고 : 재료 투입 온도는 매우 중요하므로 반드시 지켜야 한다.

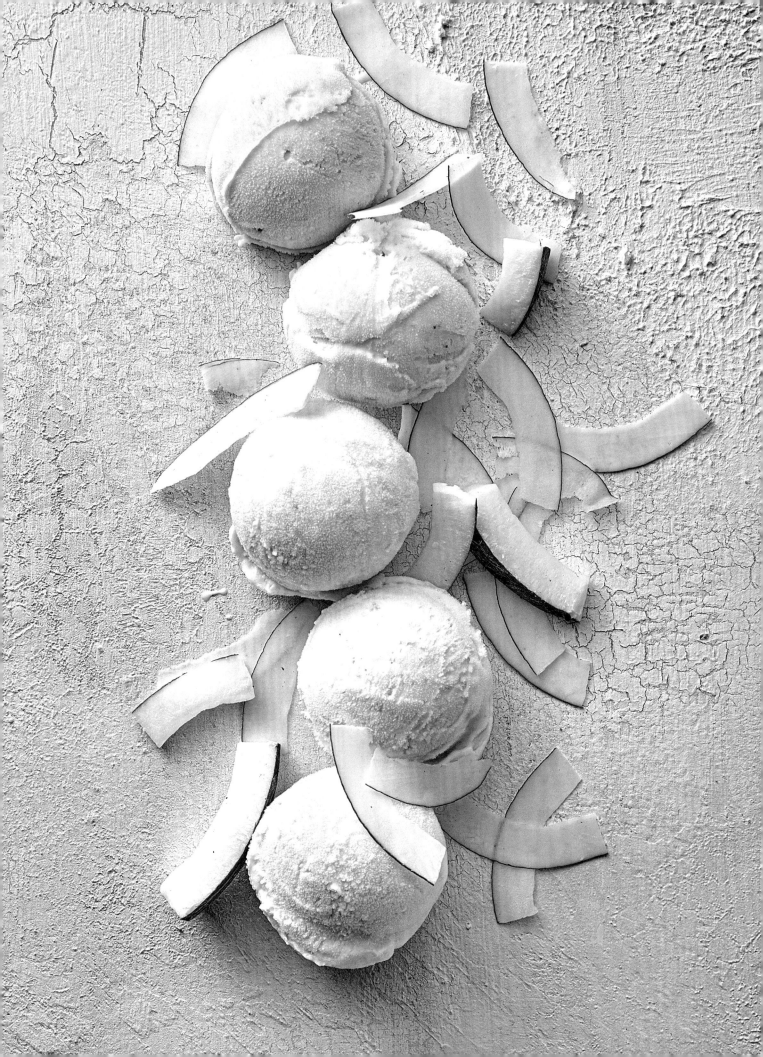

엥피니망 헤이즐넛 프랄린 아이스크림

나는 '우레아'와 '밀레나'에 대한 연구를 시작으로 특별히 부드럽고 향긋한 헤이즐넛 아이스크림을 만들어 보기로 했다. 맛을 내기 위해 아이스크림, 프랄린, 헤이즐넛 쿨리를 겹쳐 마블링을 만들었다.

피에르 에르메

아이스크림 2리터

준비
2시간
휴지
5시간
조리
15분

**캐러멜라이징해 분쇄한
피에몬테 헤이즐넛**
피에몬테 생헤이즐넛 140g
가루 설탕 500g
생수 150g

유산지를 깐 오븐팬에 헤이즐넛을 겹치지 않게 잘 펼쳐놓고, 컨벡션 오븐에서 165℃로 15분 굽는다. 체나 굵은 코 거름망으로 걸러서 껍질을 제거한다. 냄비에 물과 설탕을 넣어 끓이고, 온도계나 전자온도계로 측정해 118℃로 만든 후, 뜨거운 헤이즐넛을 넣는다. 약불로 헤이즐넛을 캐러멜라이징한다. 눌음방지 실리콘 매트를 깐 트레이에 캐러멜라이징한 헤이즐넛을 붓는다. 식히고, 분쇄한다. 밀폐용기에 담아 보관한다.

아이스크림과 소르베 차가운 즐거움

홈메이드 헤이즐넛 프랄린

가루 설탕 100g

생수 30g

마다가스카르 바닐라빈 1개

거피 헤이즐넛 160g

유산지를 깐 오븐팬에 헤이즐넛이 겹치지 않게 주의하며 펼쳐놓는다. 컨벡션 오븐에 넣고 160℃로 15분 굽는다. 냄비에 설탕과 물을 넣어 끓이고, 온도계나 전자온도계로 측정해 121℃로 만든다. 다른 냄비에 긁어낸 바닐라빈과 여전히 따뜻한 헤이즐넛을 준비한다. 끓인 설탕물을 바닐라빈과 헤이즐넛에 붓는다. 설탕이 모래 알갱이처럼 결정화할 때까지 나무 주걱으로 가볍게 저어 섞고, 중불로 캐러멜라이징한다. 눌음방지 실리콘 매트에 옮겨놓고 식힌다. 캐러멜라이징한 헤이즐넛을 굵게 으깨고, 블렌더 컨테이너에 넣어 지나치게 곱게 갈지 않도록 주의하며 까끌까끌한 입자가 있는 페이스트를 만든다. 바로 사용하거나 냉장 보관한다.

참고 : 캐러멜라이징한 헤이즐넛은 식자마자 바로 으깨고 갈아서 사용해야 한다. 일단 캐러멜라이징한 헤이즐넛은 수분을 흡수해 프랄린의 품질이 변질될 위험이 있으므로 보관할 수 없다.

헤이즐넛 프랄린 쿨리

생수 90g

글루코스 시럽 65g

덱스트로스 40g

홈메이드 헤이즐넛 프랄린 115g

퓨어 구운 헤이즐넛 페이스트

(헤이즐넛 100%) 115g

냄비에 생수, 글루코스 시럽, 덱스트로스를 넣어 끓인 후, 미리 섞어놓은 홈메이드 헤이즐넛 프랄린과 퓨어 헤이즐넛 페이스트에 붓는다. 핸드 블렌더로 잘 섞어 완전히 유액을 만들고, 냉장 보관한다.

프랄린 아이스크림

귀리 음료 700g

가루 설탕 65g

과일향 헤이즐넛 프랄린

(헤이즐넛 65%) 130g

글루코스 분말 35g

전화당 25g

이눌린 30g

탈취 코코넛오일 42g

감귤류 섬유질 3g

구아검 1.5g

캐롭검 1.5g

냄비에 귀리 음료를 붓고 불에 올린다. 25℃가 되면 이눌린을 넣는다. 30℃가 되면 설탕 50g, 글루코스 분말, 전화당을 넣는다. 40℃가 되면 미리 40℃로 녹여놓은 탈취 코코넛오일을 넣는다. 45℃가 되면 구아검, 캐롭검, 감귤류 섬유질, 남은 설탕을 넣는다. 이 혼합물을 2분 더 불에 놔두고, 온도계나 전자온도계로 측정해 85℃로 만든 후, 과일향 헤이즐넛 프랄린에 붓는다. 핸드 블렌더로 이 혼합물을 고르게 잘 섞은 후, 4℃로 식힌다. 원심분리기에 돌리기 전 최소 4시간 숙성시킨다.

참고 : 재료 투입 온도는 매우 중요하므로 반드시 지켜야 한다.

'헤이즐넛 프랄린 아이스크림' 믹스
프랄린 아이스크림 1kg
캐러멜라이징한 분쇄 헤이즐넛 175g
헤이즐넛 프랄린 쿨리 260g

캐러멜라이징한 분쇄 피에몬테 헤이즐넛을 스테인리스 배트에 담아 30분 냉동 보관한다. 핸드 블렌더로 아이스크림을 다시 섞는다. 원심분리기를 돌린다. 원심분리기에서 아이스크림을 꺼내서 스테인리스 배트에 옮겨 담고, 30분 냉동 보관한 후, 위에 헤이즐넛 프랄린 쿨리를 펼쳐놓는다. 실리콘 주걱이나 숟가락으로 섞어 예쁜 마블링을 만든다. 냉동 보관 후 먹기 30분 전 냉장 보관한다.

엥피니망 마다가스카르 바닐라 아이스크림

평소 "나의 바닐라 취향"은 세 가지 바닐라(마다가스카르, 타히티, 멕시코)를 조합해서 사용하는 것이지만, 이 레시피에서는 동물유래 재료의 부재로 나무향이 강조된 마다가스카르 바닐라만 사용했다.

피에르 에르메

아이스크림 2리터

준비
2시간
휴지
5시간
조리
15분

바닐라 아이스크림

귀리 음료 815g
마다가스카르 바닐라빈 6개
이눌린 40g
가루 설탕 150g
전화당 80g
탈취 코코넛오일 120g
감귤류 섬유질 3g
구아검 1.5g
캐롭검 1.5g

냄비에 귀리 음료를 붓고 끓인다. 쪼개서 긁어낸 바닐라빈을 넣고 30분 우린 후, 거름망으로 걸러낸다. 냄비에 바닐라를 우린 귀리 음료를 붓고 불에 올린다. 25℃가 되면 이눌린을 넣는다. 30℃가 되면 설탕 125g과 전화당을 넣는다. 40℃가 되면 미리 40℃로 녹여 놓은 탈취 코코넛오일을 넣는다. 45℃가 되면 구아검, 캐롭검, 감귤류 섬유질, 남은 설탕을 넣는다. 이 혼합물을 2분 더 불에 두어, 온도계나 전자온도계로 측정해 85℃로 만든다. 핸드 블렌더로 이 혼합물을 고르게 잘 섞는다. 4℃로 식히고, 원심분리기로 돌리기 전 최소 4시간 숙성시킨다.
스테인리스 배트에 옮겨 담고 30분 냉동 보관한다. 핸드 블렌더로 아이스크림을 다시 섞는다. 원심분리기를 돌린다. 원심분리기에서 꺼낸 아이스크림을 스테인리스 배트에 옮겨 담고, 냉동 보관한다. 먹기 전 30분 냉장 보관한다.

참고 : 재료 투입 온도는 매우 중요하므로 반드시 지켜야 한다.

우레아 소르베

아이스크림의 경우 부드러움을 잃지 않으면서 달걀, 우유, 크림의 대체제를 찾는 것이 과제다. 산미, 풍미, 향을 식물유래 재료로 표현해야 한다. 우레아 소르베는 헤이즐넛 아이스크림의 부드러운 질감과 유자의 생기 있고 향긋한 향이 잘 어우러진다.

피에르 에르메

소르베 2리터

준비
6시간
휴지
5시간
조리
15분

캐러멜라이징한 피에몬테 헤이즐넛

피에몬테 생헤이즐넛 140g
가루 설탕 500g
생수 150g

유산지를 깐 오븐팬에 헤이즐넛을 겹치지 않게 조심하며 펼쳐놓고, 컨벡션 165℃의 오븐에서 15분 굽는다. 체 혹은 굵은 코 거름망으로 걸러서 껍질을 제거한다. 냄비에 물과 설탕을 넣어 끓이고, 온도계나 전자온도계로 측정해 118℃로 만든 후, 미지근한 헤이즐넛을 넣는다. 헤이즐넛을 약불로 캐러멜라이징한다. 캐러멜라이징한 헤이즐넛을 눌음방지 실리콘 매트를 깐 트레이에 붓는다. 식히고 분쇄한다. 밀폐용기에 담아 보관한다.

홈메이드 헤이즐넛 프랄린

가루 설탕 100g
생수 30g
마다가스카르 바닐라빈 1개
거피 통헤이즐넛 160g

유산지를 깐 오븐팬에 헤이즐넛을 겹치지 않게 조심하며 펼쳐놓는다. 컨벡션 160℃의 오븐에 넣고 15분 굽는다. 냄비에 물과 설탕을 넣어 끓이고, 온도계나 전자온도계로 측정해 121℃로 만든다. 다른 냄비에 쪼개고 긁어낸 바닐라빈과 여전히 따뜻한 헤이즐넛을 준비한다. 끓인 설탕물을 바닐라빈과 헤이즐넛에 붓는다.

나무 주걱으로 부드럽게 섞으며 설탕이 모래 알갱이처럼 결정화하게 한 후, 중불로 캐러멜라이징한다. 눌음방지 실리콘 매트에 옮겨놓고 식힌다. 캐러멜라이징한 헤이즐넛을 굵게 으깬 후 블렌더 컨테이너에 넣고 블렌더를 작동해 지나치게 곱게 갈지 않도록 주의하며 까끌까끌한 입자가 있는 페이스트를 만든다. 바로 사용하거나 냉장 보관한다.

참고 : 캐러멜라이징한 헤이즐넛은 식자마자 바로 다지고, 분쇄해 사용해야 한다. 캐러멜라이징한 헤이즐넛은 습기를 흡수해 프랄린의 상태가 변질될 위험이 있기 때문에 보관할 수 없다.

헤이즐넛 프랄린 쿨리

생수 90g
글루코스 시럽 65g
덱스트로스 40g
홈메이드 헤이즐넛 프랄린 115g
퓨어 구운 헤이즐넛 페이스트
(헤이즐넛 100%) 115g

냄비에 생수, 글루코스 시럽, 덱스트로스를 넣어 끓인 후, 미리 혼합한 홈메이드 헤이즐넛 프랄린과 퓨어 구운 헤이즐넛 페이스트에 붓는다. 핸드 블렌더로 고르게 잘 섞어 유액을 만든 후 냉장 보관한다.

우레아 소르베

생수 805g
가루 설탕 420g
유기농 레몬 제스트 10g
고치 유자즙 565g
건유자 가루 5g
이눌린 35g
글루코스 분말 140g
구아검 3g
캐롭검 3g
캐러멜라이징한 분쇄 헤이즐넛 240g
헤이즐넛 프랄린 쿨리 330g

마이크로플레인® 제스터로 레몬 제스트를 만든 후, 1/2 분량의 설탕에 문지른다. 냄비에 물, 제스트와 혼합한 설탕, 유자 가루, 글루코스 분말, 이눌린을 넣어 불에 올리고, 온도계나 전자온도계로 측정해 45℃로 만든다. 남은 설탕과 혼합한 구아검과 캐롭검을 넣는다. 이 혼합물을 2분 더 불에 두어, 온도계나 전자온도계로 측정해 85℃로 만든다. 핸드 블렌더로 이 혼합물을 고르게 잘 섞은 후, 4℃로 식힌다. 원심분리기로 돌리기 전 최소 4시간 냉장 보관하며 숙성시킨다. 유자즙을 넣고 다시 섞는다. 캐러멜라이징한 분쇄 헤이즐넛을 스테인리스 배트에 담아 30분 냉동 보관한다. 유자 소르베를 원심분리기로 돌리고 스테인리스 배트에 부은 후, 가볍게 섞는다. 소르베가 든 배트를 30분 다시 냉동 보관 후, 소르베 위에 헤이즐넛 프랄린 쿨리를 펼쳐놓는다. 배트를 다시 30분 냉동 보관 후, 스패출러나 숟가락으로 섞어 예쁜 마블링을 만든다. 냉동 보관하고, 먹기 30분 전 냉장 보관한다.

밀레나 아이스크림

이 밀레나 버전은 이론의 여지없이 소르베다. 그러나 동물유래 지방을 사용하지 않고 민트 아이스크림의 생민트 고유의 향을 얻기 위해 한층 더 까다로운 방식의 실험을 했다. 밀레나 소르베와 아이스크림의 특징은 마블링이다.

피에르 에르메

아이스크림 2리터

준비
4시간
휴지
5시간
조리
15분

붉은 과일 소르베
생수 115g
가루 설탕 225g
딸기 퓌레 540g
라즈베리 퓌레 180g
블랙커런트 퓌레 90g
레드커런트 퓌레 90g
글루코스 분말 50g
구아검 3g
캐롭검 3g

냄비에 물, 설탕 175g과 글루코스 분말 혼합물을 넣어 불에 올리고, 온도계나 전자 온도계로 측정해 45℃로 만든다. 45℃가 되면 남은 설탕과 혼합한 구아검과 캐롭검을 넣는다. 이 혼합물을 2분 더 불에 두어, 온도계나 전자 온도계로 측정해 85℃로 만든다. 핸드 블렌더로 혼합물을 고르게 잘 섞은 후 4℃로 식힌다. 원심분리기로 돌리기 전 최소 4시간 냉장 보관하며 숙성한다. 과일 퓌레를 넣고 다시 섞는다.

생민트 아이스크림

귀리 음료 815g
잘게 다진 생민트잎 45g
가루 설탕 150g
전화당 80g
탈취 코코넛오일 120g
이눌린 40g
감귤류 섬유질 3g
구아검 1.5g
케롭검 1.5g

냄비에 귀리 음료 400g을 부어 끓이고, 잘게 다진 생민트잎을 넣어 10분 우린다. 거름망으로 거르고, 필요하면 귀리 음료를 추가해 원래 무게(400g)를 맞춘다. 냄비에 차가운 귀리 음료 415g과 민트잎을 우린 음료를 붓고 불에 올린다. 25℃가 되면 이눌린을 넣는다. 살짝 가열한 후 30℃가 되면 설탕 120g과 전화당을 넣는다. 40℃가 되면 미리 40℃로 녹인 탈취 코코넛오일을 넣는다. 45℃가 되면 구아검, 케롭검, 설탕 30g를 첨가한 감귤류 섬유질을 넣는다. 이 혼합물을 2분 더 불에 두어, 온도계나 전자온도계로 측정해 85℃로 만든다. 핸드 블렌더로 혼합물을 고르게 잘 섞은 후 4℃로 식히고, 원심분리기로 돌리기 전 최소 4시간 숙성시킨다.

참고 : 재료 혼합 온도는 매우 중요하므로 반드시 지켜야 한다.

밀레나 아이스크림

생민트잎 15g

스테인리스 배트를 30분 냉동 보관한다. 생민트잎을 끓는 물에 데친 후 꺼내 얼음물에 넣는다. 민트잎을 블렌더로 잘게 다지고, 아이스크림에 잘게 다진 생민트잎을 넣은 후, 핸드 블렌더로 다시 섞는다. 생민트 아이스크림을 원심분리기에 돌린다. 원심분리기에서 꺼내 스테인리스 배트에 아이스크림을 옮겨 담고 냉동 보관한다. 붉은 과일 소르베를 원심분리기에 돌린 후, 생민트 아이스크림 위에 펼쳐놓는다. 실리콘 주걱이나 숟가락으로 섞어 예쁜 마블링을 만든다. 냉동 보관하고, 먹기 30분 전 냉장 보관한다.

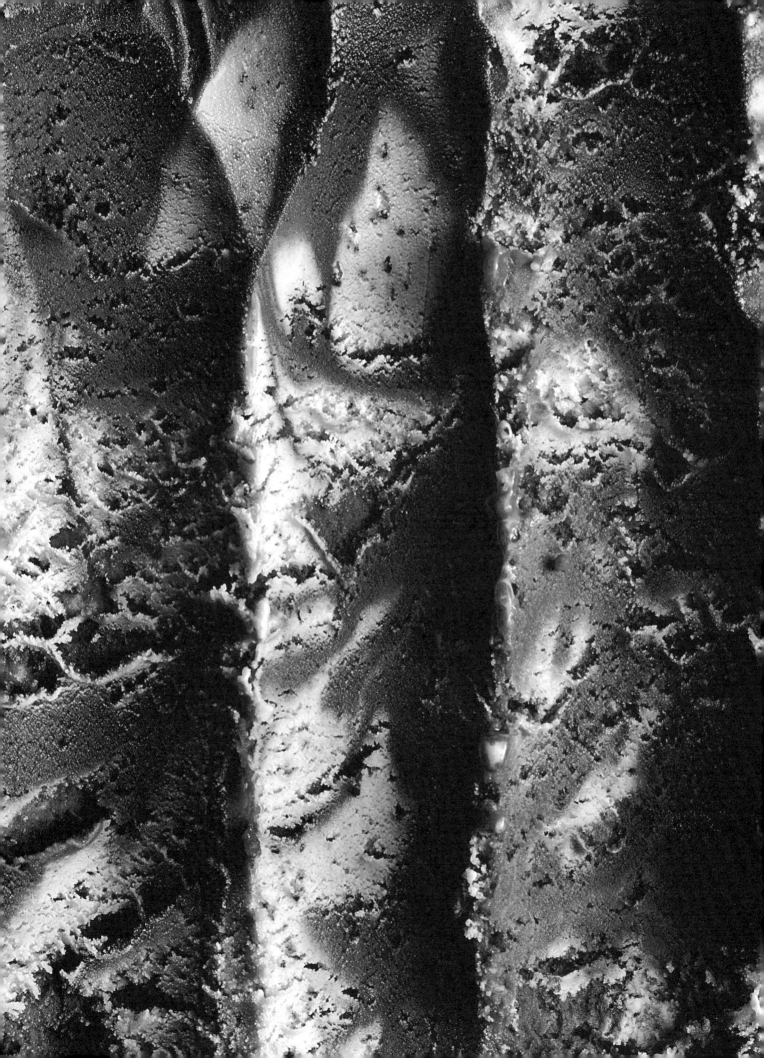

마카롱

몇 그램의 행복

어떻게 몇 그램의 행복에 관해 글을 쓰면서 마카롱에 한 챕터를 할애하지 않을 수 있을까? 내게 마카롱은 끊이지 않는 창작의 원동력임에 틀림없다.

비건은 내게 새로운 세상을 열어주었고, 덕분에 무한한 창의력이 필요한 부셰*를 새롭게 해석할 수 있었다. 여기에서는 완벽한 마카롱을 고안하는 것이 의미가 있다. 하지만 특이한 재료를 조합해 어우러지는 맛을 연출해야 할 뿐만 아니라 달걀 흰자 없이 마카롱 비스킷을 만들어야 하는 어려움이 있었다. 우리는 바삭하고 부드러운 비스킷의 질감을 재현해야 했다. 수차례의 시도 끝에 우리가 선택한 재료는 감자 단백질이었는데, 감자 단백질을 사용하면 병아리콩과 물을 사용할 때보다 더 확실한 결과를 얻을 수 있고, 더 쉽게 질감을 재현할 수 있으며, 대량으로 만들기도 더 용이했다. 그리고 적절한 농도를 얻는 데 가장 중요한 것은 굽기였다.

반면 충전재의 경우 비건의 활용은 훨씬 용이하다. 맛을 위해 엄선한 고급 재료들과 어울리는 마가린, 식물성 음료, 식물성 오일을 조절하면 모든 종류의 요리를 무척 맛있게 완성할 수 있다.

비건은 파리 메종 피에르 에르메 컬렉션에 새로운 마카롱을 올릴 수 있었던 영감의 원천이었다. 모든 미식가들과 이 특별한 디저트의 감동을 공유하는 것이 나의 바람이다.

* bouchée. 한입에 먹기 좋은 크기의 음식. 한입 크기의 아뮈즈 부슈 또는 애피타이저. 퍼프 페이스트리의 가운데를 우묵하게 만들어 작은 크기로 구워낸 것으로 안에 다양한 소를 넣는다(예: vol-au-vent, bouchée à la reine). (『페랑디 조리용어 사전』, 시트롱마카롱)

엥피니망
초콜릿 마카롱

충전재로 풍미가 강화된 비스킷의 질감과 껍질의 바삭함을 구현하지 못했다면 이 몇 그램의 행복은 상상할 수 없었다. 초콜릿 크림의 경우 귀리 음료와 초콜릿의 지방이 초콜릿 맛의 강도와 순도를 높이기에 충분했다.

피에르 에르메

마카롱 72개
(코크 144개)

준비
3시간
휴지
24시간
조리
16분

초콜릿 마카롱 비스킷
아몬드 가루 285g
슈거파우더 285g
체에 친 카카오 가루 65g
생수 325g
감자 단백질 19g
가루 설탕 335g

아몬드 가루와 슈거파우더를 섞어 탕푸르탕을 만든다.
물 120g과 감자 단백질 7g을 섞은 후, 이 혼합물을 탕푸르탕과 카카오 가루에 넣는다.
냄비에 설탕과 물 85g을 넣어 끓이고, 온도계나 전자온도계로 측정해 118°C로 만든다. 물 120g과 감자 단백질 12g을 섞는다. 설탕물이 110°C가 되면 거품기를 장착한 블렌더 컨테이너에 물과 감자 단백질 혼합물을 넣고, 휘핑해 머랭을 만든다. 지나치게 단단하지 않은 머랭이 만들어지면 블렌더를 중속으로 작동한 후, 끓인 설탕물을 붓는다. 35~40°C로 식힌 후, 컨테이너를 꺼낸다. 탕푸르탕, 카카오 가루, 물, 단백질 혼합물을 머랭에 섞는다. 블렌더를 다시 작동해 반죽을 완성한다.

성형과 굽기

유산지를 깐 오븐팬에 11㎜ 원형 깍지를 장착한 짤주머니로 직경 3.5~4㎝의 마카롱 비스킷 코크 150개를 짜놓는다. 상온에서 30분 굳힌다. 컨벡션 오븐에서 150℃로 16분 굽는다. 이때 짧게 두 번 오븐 문을 열어 습기를 제거한다. 오븐팬에 둔 채 식힌다. 코크가 있는 유산지를 들어 그릴로 옮겨놓고 식힌다.

초콜릿 크림
귀리 음료 혹은 대두 음료 300g
글루코스 시럽 15g
다크 초콜릿
(발로나® 카카오 64%, 만자리) 375g
땅콩유, 카놀라유, 포도씨유 (선택) 60g

다크 초콜릿을 잘게 자른다. 귀리 음료와 글루코스 시럽을 섞어 끓인 후, 초콜릿에 붓는다. 중앙에서부터 점점 크게 원을 그려 저으며 섞는다. 기름을 붓고, 핸드 블렌더로 가나슈를 섞는다. 스테인리스 배트에 옮겨놓고, 랩으로 밀착하게 덮는다. 식힌 후, 짤주머니로 가나슈를 마카롱 코크에 직접 짜놓기 전까지 30분 냉동 보관하며 굳힌다.

플뢰르 드 셀 초콜릿 칩
다크 초콜릿
(발로나® 카카오 64%, 만자리) 200g
게랑드 플뢰르 드 셀 3.6g

밀대로 플뢰르 드 셀을 으깬 후, 보통 혹은 가는 체로 거른 가는 입자의 소금만 사용한다. 다크 초콜릿이 부드러우면서 광택이 나고 안정되도록 다음과 같이 템퍼링을 한다. 톱칼로 초콜릿을 잘게 잘라 용기에 넣고, 초콜릿이 담긴 용기를 냄비에 넣어 중탕으로 녹인다. 50~55℃가 될 때까지 나무 숟가락으로 부드럽게 젓는다. 초콜릿이 든 용기를 중탕냄비에서 꺼낸다. 얼음을 너덧 개 넣은 차가운 물이 든 용기에 초콜릿이 든 용기를 놓는다. 용기 가장자리부터 초콜릿이 굳기 시작하므로 가끔씩 녹인 초콜릿을 젓는다. 초콜릿의 온도가 27~28℃가 되면, 다시 초콜릿이 든 용기를 중탕냄비로 옮겨 주의해서 지켜보며 31~32℃로 만든다. 이제 초콜릿 템퍼링이 끝났다. 플뢰르 드 셀을 넣는다. 유산지 위에 템퍼링한 플뢰르 드 셀 초콜릿을 펼쳐놓는다. 펼쳐놓은 초콜릿을 다른 유산지로 덮고, 초콜릿이 굳으며 변형되지 않도록 누름돌을 놓는다. 몇 시간 냉장 보관한다. 플뢰르 드 셀 초콜릿을 조각내서 바로 사용하거나 밀폐용기에 담아 냉장 보관한다.

마카롱 조립

마카롱 비스킷 코크를 떼어 스테인리스 그릴에 뒤집어놓는다. 11㎜ 원형 깍지를 장착한 짤주머니로 마카롱 비스킷 코크들 중 1/2에 크림을 넉넉히 짜놓는다. 가운데에 플뢰르 드 셀 초콜릿 칩을 흩뿌린다. 남은 마카롱 비스킷 코크로 크기에 맞춰 잘 덮는다. 조합한 마카롱을 덮지 않은 채 최소 24시간 (36시간 권장) 냉장 보관한다. 이후 바로 밀폐 용기에 담아 냉장 보관한다. 먹기 2시간 전 마카롱을 냉장고에서 꺼낸다.

엥피니망 유자 마카롱

유자 마카롱의 경우 과일즙에 지방이 없기 때문에 크림을 만들기가 조금 더 복잡했다. 따라서 유자
즙이 강한 향의 크림과 어우러지도록 식물성 음료와 기름, 쌀 크림, 아가르 아가르를 조합해 레시피
를 완성했다.

피에르 에르메

마카롱 72개
(코크 144개)

준비
3시간
휴지
36시간
조리
16분

유자 크림
(하루 전 준비)
가루 설탕 240g
유기농 레몬 제스트 4g
아가르 아가르 3g
쌀 크림 50g
대두 음료 180g
고치 유자즙 300g
올리브오일 90g
탈취 코코넛오일 90g

설탕, 제스트, 아가르 아가르, 쌀 크림을 섞는다. 냄비에 대두 음료와
유자즙을 부어 데우고, 이 혼합물의 온도가 40℃가 되면 위에 섞어
놓은 혼합물을 조금씩 붓는다. 이 혼합물을 끓인 후, 올리브오일과
탈취 코코넛오일에 붓는다. 핸드 블렌더로 몇 분 잘 섞어 유화한다.
그라탱 용기에 옮겨 담고 랩으로 밀착하게 덮은 후 식히고, 12시간
냉장 보관하며 굳힌다.

참고 : 유자즙이 대두 음료를 응고시키지만, 완성된 크림에 영향을
미치지는 않는다.

옐로 마카롱 비스킷

아몬드 가루 300g
슈거파우더 300g
노란색 천연 식용 색소 몇 방울
생수 295g
감자 단백질 17g
가루 설탕 300g

아몬드 가루와 슈거파우더를 식용 색소와 섞어 탕푸르탕을 만든다. 물 110g과 감자 단백질 6g을 섞고, 이 혼합물을 식용 색소와 섞은 탕푸르탕 혼합물에 넣는다.

냄비에 설탕과 물 75g을 넣고 끓인 후, 온도계나 전자온도계로 측정해 118°C로 만든다. 물 110g과 감자 단백질 11g을 섞는다. 설탕물이 110°C가 되면 거품기를 장착한 블렌더 컨테이너에 물과 단백질 혼합물을 넣고 휘핑한다. 이 혼합물이 너무 단단하지 않은 머랭이 되면 블렌더를 중속으로 작동하고, 끓인 설탕물을 붓는다. 35~40°C로 식힌 후, 컨테이너를 꺼낸다. 탕푸르탕, 색소, 물, 단백질 혼합물을 머랭에 섞는다. 블렌더를 다시 작동해 반죽을 완성한다.

만들기과 굽기

유산지를 깐 오븐팬에 11mm 원형 깍지를 장착한 짤주머니로 직경 3.5~4cm의 마카롱 비스킷 코크 150개를 짜놓는다. 상온에서 30분 굳힌다. 컨벡션 오븐에서 150°C로 16분 굽는다. 이때 짧게 두 번 오븐 문을 열어 습기를 제거한다. 오븐팬에 둔 채 식힌다. 코크가 있는 유산지를 들어 그릴로 옮겨 식힌다.

마카롱 조립

마카롱 비스킷 코크를 떼어 스테인리스 그릴에 뒤집어놓는다. 11mm 원형 깍지를 장착한 짤주머니로 마카롱 비스킷 코크들 중 1/2에 크림을 넉넉히 짜놓는다. 남은 마카롱 비스킷 코크로 크기에 맞춰 잘 덮는다. 조합한 마카롱을 덮지 않은 채 최소 24시간 (36시간 권장) 냉장 보관한다. 이후 바로 밀폐 용기에 담아 냉장 보관한다. 먹기 2시간 전 마카롱을 냉장고에서 꺼낸다.

엥피니망 로즈 마카롱

비건 파티스리는 다양한 레시피들이 계속 나오고 있지만 비슷한 완성도를 구현하기란 쉽지 않다. 우리는 로즈 필링을 완성하는 데 마가린과 이탈리안 머랭의 사용에 기대를 걸었다. 로즈 크림의 사르르 녹아내리는 식감의 비결은 바로 팽창이다!

피에르 에르메

마카롱 72개
(코크 144개)

준비
3시간
휴지
24시간
조리
16분

로즈 마카롱 비스킷
아몬드 가루 300g
슈거파우더 300g
빨간색 천연 식용 색소 몇 방울
생수 295g
감자 단백질 17g
가루 설탕 300g

아몬드 가루와 슈거파우더를 색소와 섞어 탕푸르탕을 만든다. 물 110g과 감자 단백질 6g을 섞은 후, 이 혼합물을 색소를 넣은 탕푸르탕에 섞는다.

냄비에 설탕과 물 75g을 넣어 끓인 후, 온도계나 전자온도계로 측정해 118℃로 만든다. 생수 110g과 감자 단백질을 섞는다. 설탕물이 110℃가 되면 물, 단백질 혼합물을 거품기를 장착한 블렌더 컨테이너에 넣고 휘핑해 머랭을 만든다. 지나치게 단단하지 않은 머랭이 만들어지면 블렌더를 중속으로 작동한 후, 끓인 설탕물을 붓는다. 35~40℃로 식힌 후, 컨테이너를 꺼낸다. 탕푸르탕, 색소, 물, 단백질 혼합물을 머랭에 섞는다. 블렌더를 다시 작동해 반죽을 완성한다.

성형과 굽기

유산지를 깐 오븐팬에 11㎜ 원형 깍지를 장착한 짤주머니로 직경 3.5~4㎝의 마카롱 비스킷 코크를 150개 짜놓는다. 상온에서 30분 굳힌다. 컨벡션 150℃의 오븐에서 16분 굽는다. 이때 두 번 재빨리 오븐 문을 열어 습기를 제거한다. 오븐팬에 둔 채 식힌다. 코크가 있는 유산지를 그릴로 옮겨 식힌다.

이탈리안 머랭

생수 235g
콩 단백질 13g
잔탄검 0.3g
가루 설탕 315g

핸드 블렌더로 물 140g, 콩 단백질, 잔탄검을 섞는다. 20분 냉장 보관 후, 거품기를 장착한 블렌더 컨테이너에 넣고 중속으로 휘핑해 머랭을 만든다. 냄비에 물 95g과 설탕을 넣어 끓인 후, 온도계 또는 전자온도계로 측정해 121℃로 만든다. 물, 단백질, 잔탄검 혼합물에 조리한 설탕을 조금씩 붓는다. 같은 속도로 휘핑하며 식힌다.

참고 : 일단 차가워지면 머랭이 굳지 않게 저속으로 계속 섞어야 최상의 형태와 결과를 얻을 수 있다.

로즈 페탈 크림

이탈리안 머랭 385g
마가린 415g
장미 아로마 4.5g
빨간색 천연 식용 색소 몇 방울

거품기를 장착한 블렌더 컨테이너에 상온의 마가린을 넣고 유화한 후, 이탈리안 머랭을 기계가 아닌 손으로 섞는다. 이렇게 얻은 혼합물이 가벼운 크림 같은 농도가 되도록 잘 섞는다. 크림이 매끄럽고 고르게 잘 섞였다면, 장미 아로마와 색소를 넣고 섞는다. 바로 사용하거나 밀폐용기에 넣어 냉장 보관한다.

마카롱 조립

마카롱 비스킷 코크를 떼어 스테인리스 그릴에 뒤집어놓는다. 11㎜ 원형 깍지를 장착한 짤주머니로 마카롱 비스킷 코크들 중 1/2에 크림을 넉넉히 짜놓는다. 남은 마카롱 비스킷 코크로 크기에 맞춰 잘 덮는다. 조합한 마카롱을 덮지 않은 채 최소 24시간 (36시간 권장) 냉장 보관한다. 이후 바로 밀폐 용기에 담아 냉장 보관한다. 먹기 2시간 전 마카롱을 냉장고에서 꺼낸다.

마카롱 꽃 그램의 행복

엥피니망 헤이즐넛
프랄린 마카롱

헤이즐넛은 본래 식탐을 부추긴다. 말린 과일의 깔끔한 맛을 살리려면 마가린의 크림을 풍부하게 팽창시키는 게 관건이다. 마카롱 가운데에 크리스피 헤이즐넛 프랄린을 추가해 풍미를 최대한 살리며 놀라운 맛을 만들었다.

피에르 에르메

마카롱 72개
(코크 144개)

준비
3시간
휴지
24시간
조리
16분

헤이즐넛 마카롱 비스킷
아몬드 가루 300g
슈거파우더 300g
갈색 천연 식용 색소 몇 방울
생수 295g
감자 단백질 17g
가루 설탕 300g

아몬드 가루와 슈거파우더를 색소와 섞어 탕푸르탕을 만든다. 물 110g과 감자 단백질 6g을 섞은 후, 이 혼합물을 색소를 넣은 탕푸르탕에 섞는다.

냄비에 설탕과 물 75g을 넣어 끓인 후, 온도계나 전자온도계로 측정해 118℃로 만든다. 생수 110g과 감자 단백질을 섞는다. 설탕물이 110℃가 되면 물, 단백질 혼합물을 거품기를 장착한 블렌더 컨테이너에 넣고 휘핑해 머랭을 만든다. 지나치게 단단하지 않은 머랭이 만들어지면 블렌더를 중속으로 작동한 후, 끓인 설탕물을 붓는다. 35~40℃로 식힌 후, 컨테이너를 꺼낸다. 탕푸르탕, 색소, 물, 단백질 혼합물을 머랭에 섞는다. 블렌더를 다시 작동해 반죽을 완성한다.

만들기과 굽기

유산지를 깐 오븐팬에 11㎜ 원형 깍지를 장착한 짤주머니로 직경 3.5~4㎝의 마카롱 비스킷 코크를 150개 짜놓는다. 코크에 가늘게 채 썬 헤이즐넛을 흩뿌린다. 상온에서 30분 굳힌다. 컨벡션 오븐에서 150℃로 16분 굽는다. 이때 두 번 재빨리 오븐 문을 열어 습기를 제거한다. 오븐팬에 둔 채 식힌다. 코크가 있는 유산지를 그릴로 옮겨 식힌다.

이탈리안 머랭

생수 235g
콩 단백질 13g
잔탄검 0.3g
가루 설탕 315g

핸드 블렌더로 물 140g, 콩 단백질, 잔탄검을 섞는다. 20분 냉장 보관 후, 거품기를 장착한 블렌더 컨테이너에 넣고 중속으로 휘핑해 머랭을 만든다. 냄비에 물 95g과 설탕을 넣어 끓인 후, 온도계 또는 전자온도계로 측정해 121℃로 만든다. 물, 단백질, 잔탄검 혼합물에 끓인 설탕물을 조금씩 붓는다. 같은 속도로 휘핑하며 식힌다.

참고 : 일단 차가워지면 머랭이 굳지 않게 저속으로 계속 섞어야 최상의 형태와 결과를 얻을 수 있다.

헤이즐넛 프랄린 크림

이탈리안 머랭 275g
마가린 300g
헤이즐넛 프랄린 (헤이즐넛 65%) 80g
퓨어 구운 헤이즐넛 페이스트
(헤이즐넛 100%) 65g

거품기를 장착한 블렌더 컨테이너에 상온의 마가린을 넣고 유화한 후, 이탈리안 머랭을 기계가 아닌 손으로 섞는다. 이렇게 얻은 혼합물이 가벼운 크림 같은 농도가 되도록 잘 섞는다. 크림이 매끄럽고 고르게 잘 섞였다면, 헤이즐넛 프랄린과 퓨어 헤이즐넛 페이스트를 넣고 섞은 후, 바로 사용하거나 밀폐용기에 넣어 4℃로 냉장 보관한다.

홈메이드 헤이즐넛 프랄린

가루 설탕 100g
생수 30g
마다가스카르 바닐라빈 1개
거피 통 헤이즐넛 160g

유산지를 깐 오븐팬에 헤이즐넛을 겹치지 않게 조심하며 펼쳐놓는다. 컨벡션 오븐에 넣고 160℃로 15분 굽는다. 냄비에 물과 설탕을 넣어 끓이고, 온도계나 전자온도계로 측정해 121℃로 만든다. 다른 냄비에 쪼개고 긁어낸 바닐라빈과 여전히 따뜻한 헤이즐넛을 준비한다. 끓인 설탕물을 바닐라빈과 구운 아몬드에 붓는다. 부드럽게 섞으며 설탕이 모래 알갱이처럼 결정화하게 한 후, 중불로 캐러멜라이징한다. 눌음방지 실리콘 매트에 옮겨놓고 식힌다. 캐러멜라이징한 헤이즐넛을 굵게 으깬 후 블렌더 컨테이너에 넣고 블렌더를 작동해 지나치게 곱게 갈지 않도록 주의하며 까끌까끌한 입자가 있는 페이스트를 만든다. 바로 사용하거나 냉장 보관한다.

참고 : 캐러멜라이징한 헤이즐넛은 식자마자 바로 다지고, 분쇄해 사용해야 한다. 캐러멜라이징한 헤이즐넛은 습기를 흡수해 프랄린의 상태가 변질될 위험이 있기 때문에 보관할 수 없다.

크리스피 프랄린 퐁당

헤이즐넛 프랄린 (헤이즐넛 65%) 100g
홈메이드 헤이즐넛 프랄린 100g
다크 초콜릿
(발로나® 카카오 72% 아라구아니) 35g

다크 초콜릿이 부드러우면서 광택이 나고 안정되도록 다음과 같이 템퍼링을 한다. 톱칼로 초콜릿을 잘게 잘라 용기에 넣고, 초콜릿이 담긴 용기를 냄비에 넣어 중탕으로 녹인다. 50~55℃가 될 때까지 나무 숟가락으로 부드럽게 젓는다. 초콜릿이 든 용기를 중탕냄비에서 꺼낸다. 얼음을 너덧 개 넣은 차가운 물이 든 용기에 초콜릿이 든 용기를 놓는다. 용기 가장자리부터 초콜릿이 굳기 시작하므로 가끔씩 녹인 초콜릿을 젓는다. 초콜릿의 온도가 27~28℃가 되면, 다시 초콜릿이 든 용기를 중탕냄비로 옮겨 주의해서 지켜보며 31~32℃로 만든다. 이제 초콜릿 템퍼링이 끝났다. 다른 재료들을 넣는다. 잘 섞은 후, 깍지 없는 짤주머니에 넣는다. 바로 사용한다.

마카롱 조립

마카롱 비스킷 코크를 떼어 스테인리스 그릴에 뒤집어놓는다. 11mm 원형 깍지를 장착한 짤주머니로 마카롱 비스킷 코크들 중 1/2에 크림을 넉넉히 짜놓는다. 깍지 없는 짤주머니로 가운데에 크리스피 프랄린 퐁당을 한 점 짜놓는다. 남은 마카롱 비스킷 코크로 크기에 맞춰 잘 덮는다. 조합한 마카롱을 덮지 않은 채 최소 24시간 (36시간 권장) 냉장 보관한다. 이후 바로 밀폐 용기에 담아 냉장 보관한다. 먹기 2시간 전 마카롱을 냉장고에서 꺼낸다.

로즈 데 사블르 마카롱

구운 아몬드와 로즈 아몬드 밀크 초콜릿이 섬세하게 어우러진 이 마카롱은 '로즈 데 사블르(Rose des Sables)'에서 영감을 받아 만들었다.

피에르 에르메

마카롱 144개
(코크 288개)

준비
3시간
휴지
24시간
조리
16분

로즈 마카롱 비스킷
아몬드 가루 300g
슈거파우더 300g
빨간색 천연 식용 색소 몇 방울
생수 295g
감자 단백질 17g
가루 설탕 300g

아몬드 가루와 슈거파우더를 색소와 섞어 탕푸르탕을 만든다. 물 110g과 감자 단백질 6g을 섞은 후, 이 혼합물을 색소를 넣은 탕푸르탕에 섞는다.
냄비에 설탕과 물 75g을 넣어 끓인 후, 온도계나 전자온도계로 측정해 118℃로 만든다. 물 110g과 감자 단백질 11g을 섞는다. 설탕물이 110℃가 되면 물, 단백질 혼합물을 거품기를 장착한 블렌더 컨테이너에 넣고 휘핑해 머랭을 만든다. 지나치게 단단하지 않은 머랭이 만들어지면 블렌더를 중속으로 작동한 후, 끓인 설탕물을 붓는다. 35~40℃로 식힌 후, 컨테이너를 꺼낸다. 탕푸르탕, 색소, 물, 단백질 혼합물을 머랭에 섞는다. 블렌더를 다시 작동해 반죽을 완성한다.

마카롱 비스킷
아몬드 가루 300g
슈거파우더 300g
생수 295g
감자 단백질 17g
가루 설탕 300g

아몬드 가루와 슈거파우더를 섞어 탕푸르탕을 만든다.
물 110g과 감자 단백질 6g을 섞고, 이 혼합물을 탕푸르탕에 넣어 섞는다.
냄비에 설탕과 물 75g을 넣고 끓인 후, 온도계나 전자온도계로 측정해 118℃로 만든다. 물 110g과 감자 단백질 11g을 섞는다. 설탕물이 110℃가 되면 거품기를 장착한 블렌더 컨테이너에 물과 단백질 혼합물을 넣고 휘핑한다. 이 혼합물이 너무 단단하지 않은 머랭이 되면 블렌더를 중속으로 작동하고, 조리한 설탕을 붓는다. 35~40℃로 식힌 후, 컨테이너를 꺼낸다. 탕푸르탕, 물, 단백질 혼합물을 머랭에 섞는다. 블렌더를 다시 작동해 반죽을 완성한다.

만들기와 굽기
유산지를 깐 오븐팬에 11mm 원형 깍지를 장착한 짤주머니 2개로 색깔별로 각각 직경 3.5~4cm의 마카롱 비스킷 코크 150개를 짜놓는다. 상온에서 30분 굳힌다. 컨벡션 오븐에서 150℃로 16분 굽는다. 이때 짧게 두 번 오븐 문을 열어 습기를 제거한다. 오븐팬에 둔 채 식힌다. 코크가 있는 유산지를 그릴로 옮겨 식힌다.

로즈 아몬드 밀크 초콜릿 가나슈
아몬드 밀크 초콜릿
(발로나® 카카오 46%, 아마티카) 390g
귀리 음료 325g
천연 장미 아로마 8g
탈취 코코넛오일 90g
X58 펙틴 11.5g

초콜릿을 다진다. 핸드 블렌더로 X58 펙틴과 귀리 음료를 섞는다. 냄비에 귀리 음료와 펙틴 혼합물을 넣어 끓인 후, 초콜릿에 붓는다. 중앙에서부터 점점 크게 원을 그려 저으며 섞는다. 천연 장미 아로마와 탈취 코코넛오일을 넣고, 핸드 블렌더로 가나슈를 섞는다. 그라탱 용기에 옮겨 담고, 랩으로 밀착하게 덮는다. 마카롱 비스킷 코크에 가나슈를 짜놓기 전, 20분 냉장 보관하며 식히고 굳힌다.

홈메이드 아몬드 프랄린

가루 설탕 100g

생수 30g

마다가스카르 바닐라빈 1개

거피 화이트 아몬드 160g

유산지를 깐 오븐팬에 아몬드를 겹치지 않게 조심하며 펼쳐놓는다. 컨벡션 오븐에 넣고 160℃로 15분 굽는다. 냄비에 물과 설탕을 넣어 끓이고, 온도계나 전자온도계로 측정해 121℃로 만든다. 다른 냄비에 쪼개고 긁어낸 바닐라빈과 여전히 따뜻한 구운 거피 아몬드를 준비한다. 끓인 설탕물을 바닐라빈과 구운 아몬드에 붓는다. 나무 주걱으로 부드럽게 섞어 아몬드에 설탕의 입자가 엉겨 붙게 하고, 중불로 캐러멜라이징한다. 눌음방지 실리콘 매트에 옮겨놓고 식힌다. 굵게 으깬 후 블렌더 컨테이너에 넣고 블렌더를 작동해 지나치게 곱게 갈지 않도록 주의하며 까끌까끌한 입자가 있는 페이스트를 만든다. 냉장 보관한다.

참고 : 캐러멜라이징한 아몬드는 식자마자 바로 다지고, 분쇄해 사용해야 한다. 캐러멜라이징한 아몬드는 습기를 흡수해 프랄린의 상태가 변질될 위험이 있기 때문에 보관할 수 없다.

아몬드 프랄린 퐁당

홈메이드 아몬드 프랄린 160g

퓨어 구운 아몬드 페이스트 (아몬드 100%) 80g

아몬드 밀크 초콜릿
(발로나® 카카오 46%, 아마티카) 50g

아몬드 밀크 초콜릿을 녹인 후, 홈메이드 아몬드 프랄린과 퓨어 아몬드 페이스트와 섞는다. 깍지 없는 짤주머니에 넣고 바로 사용한다.

마카롱 조립

마카롱 비스킷 코크를 떼어 스테인리스 그릴에 뒤집어놓는다. 11mm 원형 깍지를 장착한 짤주머니로 아몬드 밀크 초콜릿과 로즈 마카롱 비스킷에 가나슈를 넉넉히 짜놓는다. 깍지 없는 짤주머니로 가운데에 아몬드 프랄린 퐁당과 가나슈를 한 점씩 짜놓는다. 남은 마카롱 비스킷 코크로 크기에 맞춰 잘 덮는다. 향이 잘 배도록 조합한 마카롱을 덮지 않은 채 최소 24시간 (36시간 권장) 냉장 보관한다. 이후 바로 밀폐 용기에 담아 냉장 보관한다. 먹기 2시간 전 마카롱을 냉장고에서 꺼낸다.

엥피니망 피칸 마카롱

건과일의 장점은 성분에 있다. 건과일은 풍미를 살리고 지방을 공급한다. 하지만 소프트 크림을 만들기 위해 이들을 결합하는 것이 문제였다. 해법은 감귤류 섬유질이다. 감귤류 섬유질의 중립적인 맛은 피칸의 다양한 향을 충분히 살리고 데치기에 용이한 질감으로 만든다.

피에르 에르메

**마카롱 72개
(코크 144개)**

준비
3시간
휴지
24시간
조리
1시간

피칸 마카롱 비스킷
아몬드 가루 275g
슈거파우더 275g
피칸 가루 60g
생수 295g
감자 단백질 17g
가루 설탕 300g

아몬드 가루, 슈거파우더, 피칸 가루를 섞어 탕푸르탕을 만든다. 물 110g과 감자 단백질 6g을 섞은 후, 이 혼합물을 탕푸르탕에 넣는다. 냄비에 설탕과 물 75g을 넣어 끓이고, 온도계나 전자온도계로 측정해 118℃로 만든다. 물 110g과 감자 단백질 11g을 섞는다. 설탕물이 110℃가 되면 물과 단백질 혼합물을 거품기를 장착한 블렌더 컨테이너에 넣고 휘핑해 머랭을 만든다. 지나치게 단단하지 않은 머랭이 만들어지면 블렌더를 중속으로 작동한 후, 끓인 설탕물을 붓는다. 35~40℃로 식힌 후, 컨테이너를 꺼낸다. 탕푸르탕, 피칸, 물, 단백질 혼합물을 머랭에 섞는다. 블렌더를 다시 작동해 반죽을 완성한다.

만들기와 굽기

유산지를 깐 오븐팬에 11㎜ 원형 깍지를 장착한 짤주머니로 직경 3.5~4㎝의 마카롱 비스킷 코크를 150개 짜놓는다. 상온에서 30분 굳힌다. 컨벡션 오븐에서 150℃로 16분 굽는다. 이때 두 번 재빨리 오븐 문을 열어 습기를 제거한다. 오븐팬에 둔 채 식힌다. 코크가 있는 유산지를 그릴로 옮겨 식힌다.

구운 피칸
피칸 300g

유산지를 깐 오븐팬에 피칸을 겹치지 않게 주의하며 펼쳐놓는다. 컨벡션 오븐에 넣고 140℃로 25분 굽는다.

피칸 크림
구운 피칸 450g
슈거파우더 150g
게랑드 플뢰르 드 셀 3g
생수 180g
아몬드 가루 105g
감귤류 섬유질 4.5g

유산지를 깐 오븐팬에 아몬드 가루를 일정하게 얇은 층으로 펼쳐 놓는다. 컨벡션 오븐에 넣고 170℃로 10분 굽는다. 오븐에서 꺼내 식힌다. 블렌더 컨테이너에 구운 피칸, 슈거파우더, 플뢰르 드 셀을 넣고 분쇄해 매끄러운 페이스트를 만든다. 물과 감귤류 섬유질을 넣고, 구운 아몬드 가루를 넣어 크림을 완성한다. 바로 사용한다.

홈메이드 아몬드 프랄린
가루 설탕 100g
생수 30g
마다가스카르 바닐라빈 1개
거피 화이트 아몬드 160g

유산지를 깐 오븐팬에 아몬드를 겹치지 않게 조심하며 펼쳐놓는다. 컨벡션 오븐에 넣고 160℃로 15분 굽는다. 냄비에 물과 설탕을 넣어 끓이고, 온도계나 전자온도계로 측정해 121℃로 만든다. 다른 냄비에 쪼개고 긁어낸 바닐라빈과 여전히 따뜻한 구운 아몬드를 준비한다. 끓인 설탕물을 바닐라빈과 구운 아몬드에 붓는다. 나무 주걱으로 부드럽게 섞어 아몬드에 설탕의 입자가 엉겨 붙게 하고, 중불로 캐러멜라이징한다. 눌음방지 실리콘 매트에 옮겨놓고 식힌다. 굵게 으깬 후 블렌더 컨테이너에 넣고 블렌더를 작동해 지나치게 곱게 갈리지 않도록 주의하며 까끌까끌한 입자가 있는 페이스트를 만든다. 냉장 보관한다.

참고 : 캐러멜라이징한 아몬드는 식자마자 바로 다지고, 분쇄해 사용해야 한다. 캐러멜라이징한 아몬드는 습기를 흡수해 프랄린의 상태가 변질될 위험이 있기 때문에 보관할 수 없다.

아몬드 프랄린 퐁당

홈메이드 아몬드 프랄린 160g

퓨어 아몬드 페이스트 (아몬드 100%) 80g

아몬드 밀크 초콜릿

(발로나® 카카오 46%, 아마티카) 50g

아몬드 밀크 초콜릿을 중탕으로 녹인 후, 홈메이드 아몬드 프랄린, 퓨어 아몬드 페이스트와 섞는다. 깍지 없는 짤주머니에 넣고 바로 사용한다.

마카롱 조립

마카롱 비스킷 코크를 떼어 스테인리스 그릴에 뒤집어놓는다. 11㎜ 원형 깍지를 장착한 짤주머니로 마카롱 비스킷 코크들 중 1/2에 피칸 크림을 넉넉히 짜놓는다. 가운데에 깍지 없는 짤주머니로 아몬드 프랄린 퐁당을 한 점 짜놓는다. 남은 마카롱 비스킷 코크로 크기에 맞춰 잘 덮는다. 조합한 마카롱을 덮지 않은 채 최소 24시간 (36시간 권장) 냉장 보관한다. 바로 밀폐 용기에 담아 냉장 보관한다. 먹기 2시간 전 마카롱을 냉장고에서 꺼낸다.

플레이팅 디저트

나눠 먹어도 또는 혼자 먹어도 좋은 디저트

이 장에서 전통 디저트의 맛은 '파티스리가 무엇보다 맛볼 사람의 감각을 자극하고 감동을 주어야 한다'는 것을 끊임없이 우리에게 상기시키는 안내자이다. 이 디저트들을 만들며 나는 비건의 세계를 더 잘 이해하기 위해, 그리고 새롭고 더 나은 미식의 즐거움을 추구하기 위해 계속 연구했다. 나는 수차례 비건 디저트의 고급스럽고 경쾌한 질감에 매료되었다. 버터와 달걀을 사용하지 않음으로써 원재료에 가까운 더욱 순수하고 명확한 맛이 부각되었다. 켜켜이 겹친 반죽의 바스러질 듯한 바삭함 혹은 입에서 녹아내리는 부드러움 등, 다양한 질감 역시 먹는 즐거움에 중요한 역할을 한다.

이러한 풍부한 맛과 질감 덕분에 우리는 달걀을 사용하지 않고도 플로팅 아일랜드, 프렌치토스트 같은 매우 전통적인 플레이팅 디저트에 도전할 수 있었고, '되(two)밀푀유'와 여럿이 함께 나누는 디저트 '앙트르' 같은 내가 만든 디저트들을 재해석해서 이 책에 처음으로 소개할 수 있었다. 내가 2007년 앙트르 컬렉션을 만든 것은 일상적인 나눔 케이크의 형식을 벗어나서 당시로서는 매우 파격적이고 색다른 맛을 조합한 새롭고 창의적인 레스토랑 디저트에 다가가기 위해서였다. 이 비건 버전을 위해 나는 내가 만든 '페티쉬' 풍미의 조합 중 하나인 '펠리시아(헤이즐넛과 레몬)'를 활용했다. 이미 이토록 과감한 조합에 성공했는데, 식물 유래 재료들을 사용한다 해서 전통적인 조합에 도전하지 못할 이유가 어디 있겠는가? 이렇게 해서 나는 겉보기에는 독창적이고 미니멀하지만, 맛과 질감은 놀랍도록 세심하게 고려한 '앙트르 펠리시아' 레시피를 완성했다. '아몬드 판나코타'는 이 시리즈의 디저트 중 가장 기억에 남는다. 아몬드 음료, 암루,* 크리스피 필로 반죽** 셸에 캐러멜라이징한 아몬드를 채운 조합의 놀랍도록 간단하고 이해하기 쉬운 이 디저트는 신선한 발견이었다. 이 디저트는 마라케시 소재 라 마무니아(La Mamunia) 호텔 레스토랑의 메뉴에 실릴 정도로 판나코타에 사용된 재료들이 모두 어우러져 맛도 질감도 완벽한 조화를 이룬다.

* 대서양 연안에 위치한 도시 아가디르의 특산품 중 하나인 암루 모로코 누텔라(Amlou the Moroccan Nutella)는 아르간 오일, 꿀, 아몬드를 혼합한 음식으로 남부에서 가장 즐겨먹는 음식 중 하나다. (『모로코 여행』, 상상출판)
** 아주 얇은 반죽 시트인 파트 필로는 밀가루, 물, 옥수수전분으로 만든다. 터키와 그리스 요리에서 많이 사용되며(filo는 그리스어로 잎, 켜를 의미한다). 북아프리카 지역에서 많이 사용하는 브릭 페이스트리와 비슷하다. 실크처럼 얇고 하늘하늘한 필로 페이스트리는 전통적으로 바클라바를 비롯한 각종 디저트에 사용될 뿐 아니라, 치즈를 넣은 페이스트리 등 일반 짭짤한 요리로도 활용한다. (『그랑 라루스 요리백과』, 시트롱마카롱)

앙트르 펠리시아

나는 늘 모양보다는 맛과 즐거움에 집중하려고 노력한다. 이 책을 위해 고안한 '앙트르 펠리시아'는 맛의 감동과 그 감동을 나누고 싶은 나의 바람을 조화롭게 만족시켰다. 여기서는 헤이즐넛과 레몬의 장점을 최대한 부각하려고 노력했다. 이것은 단순한 디저트가 아니라 반드시 체험해야 할 경험이며 함께 나눠야 할 감동이다.

피에르 에르메

8~10인분

준비
6시간
휴지
15시간
조리
2시간 40분

**홈메이드 반졸임 레몬
(하루 전 준비)**
유기농 레몬 1개
생수 500g
가루 설탕 250g

레몬의 양쪽 끝을 자른다. 톱칼로 위에서 아래로 잘라 4등분한다. 다음과 같이 세 번 연속 데친다. 넉넉한 양의 끓는 물에 넣고 2분 끓인 후, 찬물로 헹군다. 같은 작업을 두 번 더 반복하고, 물기를 뺀다. 설탕과 물을 끓여 시럽을 만든다. 레몬을 넣는다. 파편이 튀는 것을 방지하고 부드럽게 만들기 위해 뚜껑을 덮고 약불로 2시간 끓인다. 불을 끄고 밤새 그대로 두었다가 1시간 거름망에 받쳐 물기를 뺀다. 길고 얇게 저며서 냉장 보관한다.

레몬 크림
(하루 전 준비)

유기농 레몬 제스트 2g
대두 음료 90g
유기농 레몬즙 150g
아가르 아가르 1.5g
쌀 크림 25g
가루 설탕 120g
올리브오일 45g
탈취 코코넛오일 45g

구운 분쇄 피에몬테 헤이즐넛

피에몬테 생헤이즐넛 200g

헤이즐넛 레오나르 비스킷

탈취 코코넛오일 30g
땅콩유 30g
대두 음료 90g
사과 식초 4g
사탕무 설탕 45g
게랑드 플뢰르 드 셀 1g
헤이즐넛 가루 30g
T55 밀가루 70g
베이킹파우더 5g
감자전분 17g

설탕, 제스트, 아가르 아가르, 쌀 크림을 섞는다. 냄비에 대두 음료와 레몬즙을 넣고 데운다. 이 혼합물이 40℃가 되면 섞어 놓은 설탕, 제스트, 아가르 아가르, 쌀 크림 혼합물을 조금씩 붓는다. 끓으면 올리브오일과 탈취 코코넛오일에 붓는다. 핸드 블렌더로 몇 분 혼합해 완전히 유화한다. 그라탱 용기에 옮겨 담고, 랩으로 밀착하게 덮은 후, 식힌다. 12시간 냉장 보관하며 굳힌다.

참고 : 레몬즙이 두유를 응고시키지만, 완성된 크림에 영향을 끼치지는 않는다.

유산지를 깐 오븐팬에 헤이즐넛이 겹치지 않게 조심하며 펼쳐 놓고, 컨벡션 오븐에서 165℃로 15분 굽는다. 성긴 체에 쳐서 껍질을 제거한다. 도마에 놓고 굵게 으깬 후, 바로 사용하거나, 밀폐용기에 담아 상온 보관한다.

탈취 코코넛오일을 녹이고 30~35℃로 만든다. 밀가루, 베이킹파우더, 감자전분을 함께 체로 친다. 플랫비터를 장착한 블렌더 컨테이너에 대두 음료, 사탕무 설탕, 플뢰르 드 셀, 헤이즐넛 가루, 사과 식초를 넣고 섞은 후, 체로 쳐 놓은 가루를 넣는다. 오일을 조금씩 부으며 블렌더를 작동해 반죽을 고르게 잘 섞는다. 유산지를 깐 오븐팬에 직경 17㎝의 원형틀을 놓고 비스킷 215g과 구운 분쇄 헤이즐넛 20g을 붓는다. 컨벡션 오븐에서 180℃로 10~12분 굽는다. 이때 5분마다 몇 초씩 오븐 문을 열어 습기를 제거한다. 오븐에서 꺼내 식힌다.

소프트 헤이즐넛 크림

생수 665g

전화당 6g

글루코스 시럽 15g

퓨어 구운 헤이즐넛 페이스트
(헤이즐넛 100%) 80g

헤이즐넛 프랄린 (헤이즐넛 60~65%) 45g

카카오버터 (발로나®) 15g

생수를 끓여 45℃로 만들고, 전화당과 글루코스 시럽을 넣은 후 끓인다. 끓인 이 혼합물을 바로 카카오버터, 헤이즐넛 페이스트, 헤이즐넛 프랄린 혼합물에 세 번에 나눠 붓고 매번 섞는다. 균일한 크림이 되도록 잘 섞는다. 그라탱 용기에 옮겨 담고 랩으로 밀착하게 덮은 후, 냉장 보관하며 식힌다.

캐러멜라이징한 튀밥

가루 설탕 40g

생수 15g

튀밥 30g

냄비에 물과 설탕을 넣고 끓인 후, 온도계나 전자온도계로 측정해 118℃로 만든다. (미리 데워 놓은) 튀밥에 이 혼합물을 붓고, 설탕이 모래 알갱이처럼 결정화할 때까지 뒤적이며 캐러멜라이징한다. 눌음방지 실리콘 매트를 깐 트레이에 펼쳐 놓고 식힌다.

헤이즐넛 푀유테 프랄린

헤이즐넛 프랄린
(헤이즐넛 60~65%) 15g

퓨어 구운 헤이즐넛 페이스트
(헤이즐넛 100%) 45g

아몬드 밀크 초콜릿
(발로나® 카카오 46%, 아마티카) 18g

캐러멜라이징한 튀밥 21g

마가린 혹은 탈취 코코넛오일 6g

구운 분쇄 피에몬테 헤이즐넛 21g

초콜릿과 마가린을 중탕으로 녹여 45℃로 만든다. 헤이즐넛 프랄린과 퓨어 헤이즐넛 페이스트를 섞고, 미리 녹여 둔 초콜릿과 마가린 혼합물에 넣는다. 살짝 부순 캐러멜라이징한 튀밥과 구운 분쇄 피에몬테 헤이즐넛을 넣는다. 유산지를 깐 스테인리스 트레이에 헤이즐넛 푀유테 프랄린을 1㎝ 두께로 펼쳐 놓고, 냉장 보관하며 굳힌다. 1 x 1㎝ 크기로 자른다. 얼린 후 밀폐용기에 담아 냉동 보관한다.

레몬 젤

유기농 레몬즙 85g

아가르 아가르 1.7g

가루 설탕 15g

믹싱볼에 설탕과 아가르 아가르를 섞는다. 냄비에 레몬즙을 넣어 불에 올리고 40℃로 만든 후, 설탕, 아가르 아가르 혼합물을 조금씩 붓는다. 전체 혼합물을 일정하게 저으며 끓인다. 불을 끄고, 냉장 보관하며 완전히 식힌다. 사용 전 블렌더로 섞어 부드럽고 매끄러운 젤을 만든다.

참고 : 이 젤은 얼지 않는다.

헤이즐넛 크럼블

헤이즐넛 가루 48g
T45 밀가루 46g
가루 설탕 36g
게랑드 플뢰르 드 셀 1g
탈취 코코넛오일 36g
생수 13g
구운 분쇄 헤이즐넛 17.5g

탈취 코코넛오일을 녹이고, 30~35℃로 만든다. 플랫비터를 장착한 블렌더 컨테이너에 헤이즐넛 가루, 플뢰르 드 셀, 설탕, 밀가루를 넣고 30℃로 녹인 오일을 붓는다. 잘 섞어 반죽한 후, (40℃로 데운) 생수와 구운 분쇄 헤이즐넛을 넣는다. 트레이에 옮겨 담고, 2시간 냉장 보관한다. 성긴 체에 반죽을 놓고 눌러 통과시킨다. 유산지를 깐 오븐팬에 크럼블을 겹치지 않게 조심하면서 펼쳐놓는다. 컨벡션 오븐에서 160℃로 노릇해질 때까지 20분 크럼블을 굽는다.

크리스피 튈

탈취 코코넛오일 42g
전화당 60g
가루 설탕 40g
T55 밀가루 50g
생수 8g

탈취 코코넛오일을 녹이고, 30~35℃로 만든다. 플랫비터를 장착한 블렌더 컨테이너에 재료를 순서대로 넣고 섞은 후, 30분 상온에서 휴지한다. 바로 사용한다. 눌음방지 실리콘 매트를 깐 트레이에 직경 5~6cm의 홈이 있는 무카라비에 실리콘 틀을 놓고, 튈 반죽을 고르게 펼쳐 놓는다. 컨벡션 오븐에서 160℃로 5분 굽는다. 눌음방지 실리콘 매트에 뒤집어 놓고, 조심히 틀을 뺀다. 식힌 후, 바로 사용하거나 밀폐용기에 넣어 보관한다.

참고 : 튈은 여러 날 보관할 수 있다.

캐러멜라이징한 분쇄 헤이즐넛

가루 설탕 125g
생수 40g
구운 분쇄 피에몬테 헤이즐넛 300g
카카오버터 (발로나®) 5g

냄비에 물과 설탕을 넣어 끓이고, 온도계나 전자온도계로 측정해 118℃로 만든 후, 뜨거운 구운 피에몬테 헤이즐넛에 붓는다. 설탕이 결정화할 때까지 저은 후, 그대로 두고 캐러멜라이징한다. 헤이즐넛이 캐러멜라이징되면 카카오버터를 넣고, 눌음방지 실리콘 매트를 깐 트레이에 부은 후, 최대한 넓게 펼쳐놓고 식힌다. 굵게 으깨서 바로 사용한다.

참고 : 캐러멜라이징한 헤이즐넛은 분쇄하기 전 완전히 식혀야 한다.

플레이팅

거품기를 장착한 블렌더 컨테이너에 레몬 크림을 넣고 휘핑한 후, 1시간 냉장 보관한다. 접시 바닥에 원형 헤이즐넛 레오나르 비스킷을 놓고, 9mm 둥근 깍지를 장착한 짤주머니에 소프트 헤이즐넛 크림을 넣은 후, 비스킷 전체에 나선형으로 짜놓는다. 홈메이드 반졸임 레몬 조각과 헤이즐넛 퓌유테 프랄린 조각을 크림 위에 가볍게 눌러 올린다. 깍지 없는 짤주머니로 레몬 젤을 둥근 공 모양으로 짜놓는다. 휘핑한 레몬 크림을 짜놓는다. 1시간 냉장 보관한다. 먹기 직전 크림 위에 헤이즐넛 크럼블 조각과 캐러멜라이징한 분쇄 헤이즐넛을 흩뿌리고, 레몬 조각과 길고 얇게 저민 반졸임 레몬 조각을 얹는다. 크리스피 튈 3개를 얹고, 바로 먹는다.

일 플로탕트

일반적으로 포미코 무스는 과일 무스다. 이 버전에서는 커스터드 크림 위에 얹을 크넬을 만들기 위해 귀리 음료와 대두 음료를 사용했다.

린다 봉다라

6인분

준비
2시간
휴지
4시간
조리
15분

식물성 음료 포미코 무스
액체 화이트 윰고 100g
(혹은 아쿠아파바 160g)
사탕수수 황설탕 40g
천연 대두 음료 200g
귀리 음료 200g
아가르 아가르 2g

비건 커스터드 크림
타히티 바닐라빈 3개
아몬드 음료 400g
귀리 음료 400g
사탕수수 황설탕 80g
옥수수전분 15g
캐슈넛 퓌레 50g

거품기를 장착한 블렌더 컨테이너에 화이트 윰고를 넣어 휘핑하고, 사탕수수 황설탕을 조금씩 부으며 섞어 단단한 무스를 만든다. 블렌더 컨테이너를 꺼낸다. 대두 음료와 귀리 음료에 아가르 아가르를 넣고 끓인다. 불을 끄고, 윰고, 설탕 혼합물 무스의 1/3을 냄비에 붓고, 거품기로 섞은 후 냄비에 있는 이 혼합물을 블렌더 컨테이너에 붓고, 거품기를 위에서 아래로 움직이며 섞어 마무리한다. 살짝 기름칠을 한 숟가락으로 18개의 크넬 모양을 만들고 (디저트 1개당 크넬 3개), 랩을 깐 트레이에 놓고 식힌다.

바닐라빈을 쪼개서 긁는다. 냄비에 아몬드 음료와 귀리 음료, 사탕수수 황설탕, 바닐라, 옥수수전분을 넣고 섞는다. 끓인다. 불을 끈 후 캐슈넛 퓌레를 넣고, 핸드 블렌더로 잘 섞어 유화한다. 식히고, 사용할 때까지 냉장 보관한다.

플레이팅 디저트 나눠 먹어도 또는 혼자 먹어도 좋은 디저트

구운 아몬드

가늘게 썬 아몬드 100g
가루 설탕 50g
탈취 코코넛오일 5g

모든 재료를 프라이팬에 넣고 설탕이 캐러멜화할 때까지 센 불로 가열한다. 유산지에 아몬드를 펼쳐놓고 식힌다.

엔젤헤어(카다이프)

가루 설탕 300g
생수 100g

작업대에 유산지를 깔아 보호한다. 젓가락 또는 금속 막대 2개를 15cm 간격으로 나란히 놓는다. 젓가락 혹은 막대가 작업대에 닿지 않도록 양끝에 받침대를 놓는다. 냄비에 설탕과 물을 넣고 설탕이 실 모양이 될 때까지 끓이고, 온도계나 전자온도계로 측정해 165~170℃로 만든다. 찬물이 담긴 믹싱볼에 냄비의 바닥이 닿게 해 캐러멜라이징을 멈춘다. 거품기를 캐러멜에 넣었다 빼고, 젓가락 혹은 금속 막대 위로 시계추처럼 움직인다. 실이 막대 사이에 만들어진다. 필요한 만큼 여러 번 반복해서 설탕 실을 만든다. 단단하게 굳은 엔젤헤어를 걷는다. 바로 사용한다.

플레이팅

그릇에 커스터드 크림을 붓고, 포미코 무스 크넬 3개를 놓는다. 식탁에 내기 직전 구운 아몬드를 흩뿌리고 엔젤헤어를 올린다.

주의 : 캐러멜 색이 제대로 나야 풍미를 살릴 수 있다.

코코넛밀크
망고 라이스
일 플로탕트

부모님의 고향인 라오스에 널리 알려진 레시피에서 영감을 받은 '일 플로탕트'는 플뢰르 드 셀 한 꼬집과 코코넛밀크를 부어 익힌 찰밥과 망고의 풍미가 잘 어우러진다.

린다 봉다라

6인분

준비
4시간
휴지
6시간
조리
30분

망고 무스 돔

액상 화이트 움고 50g
(혹은 아쿠아파바 80g)

사탕수수 황설탕 25g

망고 퓌레 200g

아가르 아가르 1g

거품기를 장착한 블렌더 컨테이너에 화이트 움고를 넣고 섞은 후, 황설탕을 조금씩 부으며 블렌더를 작동해 단단한 머랭을 만든다. 블렌더 컨테이너를 꺼낸다. 아가르 아가르와 망고 퓌레를 섞고 끓인다. 불을 끄고 움고, 설탕 혼합물의 1/3을 냄비에 넣은 후 거품기로 섞고, 냄비에 조리한 혼합물을 블렌더 컨테이너에 넣고, 거품기를 위에서 아래로 움직이며 섞어 마무리한다. 이렇게 만든 무스를 직경 6cm의 반구형 실리콘 틀 6개에 붓는다. 식히고, 사용할 때까지 냉장 보관한다.

천연 무스

액상 화이트 융고 50g
사탕수수 황설탕 40g
천연 대두 음료 200g
아가르 아가르 1g

거품기를 장착한 블렌더 컨테이너에 화이트 융고를 넣고 섞은 후, 황설탕을 조금씩 부으며 블렌더를 작동해 단단한 머랭을 만든다. 블렌더 컨테이너를 꺼낸다. 대두 음료와 아가르 아가르를 섞고 끓인다. 불을 끄고 융고, 설탕 혼합물의 1/3을 냄비에 넣은 후, 거품기로 섞고, 냄비에 조리한 혼합물을 블렌더 컨테이너에 넣고, 거품기를 위에서 아래로 움직이며 섞어 마무리한다. 이렇게 만든 무스를 20×20cm의 스테인리스 정사각형 틀에 붓고 무스의 표면을 매끄럽게 다듬는다. 냉장 보관하며 식히고, 2×2cm 큐브로 자른다.

코코넛밀크 라이스 소스

코코넛 음료 600g
귀리 음료 300g
타이 쌀가루 45g
사탕수수 황설탕 90g
게랑드 플뢰르 드 셀 1.5g

냄비에 재료를 모두 넣고 섞은 후 끓인다. 식혀서 냉장 보관한다.

성형

간 코코넛
깎은 생코코넛 (코코넛 ½개)
생망고 볼 (망고 1개 분량)
라임 제스트 (라임 1개 분량)

작은 잔에 아주 차가운 코코넛밀크 라이스 소스를 부어 바닥을 채운다. 망고 무스 돔을 모두 틀에서 꺼낸 후 1개의 돔을 조심히 소스에 놓고, 불룩한 윗면에 간 코코넛을 흩뿌린다. 망고 볼, 망고 큐브 혹은 천연 포미코 무스 볼, 깎은 생코코넛과 라임 제스트로 장식한다.

참고 : 화이트 융고 대신 아쿠아파바를 사용하려면, 융고 50g 대신 아쿠아파바 80g이 필요하다. 아쿠아파바와 설탕을 함께 끓여 (시럽처럼) 걸쭉하게 점도를 높일 것을 권장한다. 뜨거울 때 혼합물을 섞어야 한다.

바닐라 캐러멜 브리오슈 프렌치토스트

이번 추억의 디저트에서는 내가 좋아하는 프렌치토스트 특유의 캐러멜 향이 나는 촉촉하고 따뜻한 특성을 살려야 했다. 버터를 대체할 코코넛오일과 식물성 크림의 적절한 혼합비율을 발견한 덕분에 이번 실험도 성공할 수 있었다. 비건 버전 브리오슈 프렌치토스트는 헤이즐넛 아이스크림 혹은 바닐라 아이스크림과 어울려 맛을 돋운다. 물론 코코넛 아이스크림과도 잘 어울린다.

피에르 에르메

브리오슈 프렌치토스트 8개

준비
6시간
휴지
15분
조리
1시간

불린 씨앗 믹스
(하루 전 준비)

치아씨드 10g
아마씨 10g
오트밀 10g
생수 30g

씨앗이 잘 불도록 브리오슈 반죽을 만들기 30분 전 블렌더로 씨앗들과 오트밀을 거칠게 간다. 상온의 물을 붓는다.

브리오슈 반죽
(하루 전 준비)

T45 밀가루 425g
게랑드 플뢰르 드 셀 10g
가루 설탕 65g
생이스트 20g
생수 310g
카카오버터 (발로나®) 107.5g
탈취 코코넛오일 107.5g
불린 씨앗 믹스 60g
해바라기 레시틴 6g

성형과 굽기

브리오슈 반죽 1kg
마가린 소량

에그노그 반죽

귀리 음료 1kg
가루 설탕 100g
옥수수전분 35g
천연 오렌지꽃 아로마 1.25g

탈취 코코넛오일과 카카오버터를 녹인 후 25℃로 보관한다. 소량용 후크 또는 플랫비터를 장착한 블렌더 컨테이너에 미리 체로 친 밀가루, 설탕, 이스트, 해바라기 레시틴을 넣고, 블렌더를 저속으로 작동하며 70%의 물을 넣고 섞는다. 반죽을 저속으로 섞어 되직하게 만들고, 남은 분량의 물을 두 번에 나눠 붓는다. 매번 물을 부은 후에도 반죽을 섞어 되직하게 만든다. 반죽이 컨테이너에서 떨어지면 플뢰르 드 셀, 불린 씨앗, 그리고 25℃로 만든 카카오버터와 탈취 코코넛오일 혼합물을 넣는다. 반죽이 컨테이너에서 떨어질 때까지 중속으로 블렌더를 작동한다. 반죽을 믹싱볼에 옮겨 담고, 랩으로 밀착하게 덮은 후, 상온에서 1시간 발효시킨다. 반죽을 살짝 치댄 후, 냉장 보관한다. 2시간에서 2시간 30분 정도 휴지한다. 반죽을 다시 치대고 12시간 냉장 보관한다. 반죽이 균일하게 차가워지면 작업대에 펼쳐 브리오슈를 만들 준비가 된 것이다.

높이 8cm, 14 x 8cm 크기의 케이크 틀 4개에 살짝 기름칠을 한다. 반죽을 250g씩 네 덩이로 나눠 둥글 길쭉하게 모양을 만든 후, 케이크 틀에 넣고 살짝 누른다. 28℃에서 3시간 휴지한다. 컨벡션 오븐에서 160℃로 45~55분 굽는다. 이때 10분에 한 번씩 몇 초간 오븐 문을 열어 습기를 제거한다. 틀에서 꺼내기 전 살짝 식힌다.

설탕과 옥수수전분을 섞는다. 귀리 음료를 부어 녹인 후 끓인다. 천연 오렌지꽃 아로마를 넣는다. 잘 섞은 후, 바로 사용하거나 냉장 보관한다.

바닐라 캐러멜

귀리 음료 95g
식물성 크림 95g
마다가스카르 바닐라빈 1개
탈취 코코넛오일 혹은 마가린 70g
가루 설탕 150g
게랑드 플뢰르 드 셀 1.5g
잔탄검 0.4g

냄비에 귀리 음료와 식물성 크림을 넣고 끓인다. 쪼개서 긁어 낸 바닐라빈을 넣고 30분 우린다. 다른 냄비에 설탕을 조금씩 부으며 나무 주걱으로 저어 건조 캐러멜을 만든다. 황갈색의 캐러멜이 만들어지면 귀리 음료, 식물성 크림 혼합물과 탈취 코코넛오일을 넣는다. 끓인다. 핸드 블렌더로 섞으며 잔탄검과 플뢰르 드 셀을 넣는다. 밀폐용기에 넣고 랩으로 밀착하게 덮은 후 냉장 보관한다.

바닐라 아이스크림

귀리 음료 410g
마다가스카르 바닐라빈 3개
이눌린 20g
가루 설탕 75g
전화당 40g
탈취 코코넛오일 60g
감귤류 섬유질 1.5g
구아검 0.75g
캐롭검 0.75g

냄비에 귀리 음료를 붓고 끓인다. 쪼개서 긁어낸 바닐라빈을 넣고 30분 우린 후, 체에 거른다. 냄비에 바닐라빈을 우린 귀리 음료를 붓고 끓인다. 25℃가 되면 이눌린을 넣는다. 30℃가 되면 설탕 70g과 전화당을 넣는다. 40℃가 되면 미리 40℃로 녹인 탈취 코코넛오일을 넣는다. 45℃가 되면 구아검과 캐롭검, 남은 설탕과 혼합한 감귤류 섬유질을 넣는다. 온도계나 전자온도계로 측정해 이 혼합물을 85℃에서 2분 끓인다. 이 혼합물을 핸드 블렌더로 고르게 잘 섞은 후 4℃로 식힌다. 원심분리기로 돌리기 전 최소 4시간 냉장 보관하며 숙성한다. 스테인리스 배트를 30분 냉동 보관한다. 핸드 블렌더로 다시 섞는다. 바닐라 아이스크림을 원심분리기로 돌린다. 아이스크림을 원심분리기에서 꺼내 스테인리스 배트에 옮겨 담고 냉동 보관한다.

커팅과 굽기

가루 설탕 600g
마가린 50g

자를 사용해 빵 껍질을 포함해 두께가 2.5㎝가 되도록 자른다. 깊이가 있는 통에 에그노그 반죽을 붓고, 자른 브리오슈를 담근다. 최소 1시간 냉장 보관한다. 먹기 직전 브리오슈를 캐러멜라이징하기 전에 꺼내 과도한 에그노그 반죽을 턴다. 프라이팬에 설탕으로 건조 캐러멜을 만들고 마가린을 녹인다. 캐러멜이 만들어지면 브리오슈 조각의 양면에 묻힌다. 브리오슈에 캐러멜이 붙지 않을 경우, 약간의 에그노그 반죽으로 캐러멜을 묽게 하면 브리오슈에 캐러멜을 쉽게 입힐 수 있다. 접시에 프렌치토스트를 놓고, 그 위에 바닐라 아이스크림을 한 스쿱 얹은 후, 바닐라 캐러멜 소스를 바른다. 여기서는 브리오슈 반죽을 더 작게 나누기 힘들기 때문에 4개의 브리오슈를 만들었다. 따라서 필요에 따라 남은 브리오슈로 프렌치토스트를 더 많이 만들거나 아침식사 혹은 간식으로 사용할 수 있다.

참고 : 프렌치토스트를 미리 캐러멜라이징한 후 먹기 직전 오븐에 구울 수도 있다.

플레이팅 디저트 나눠 먹어도 또는 혼자 먹어도 좋은 디저트

에콰도르 퓨어 오리진 초콜릿의 맛, 텍스처, 온도

나는 이 디저트가 각자 자기만의 방식으로 체험하는 초콜릿 세계로의 여행이라 상상했다. 함께하는 사람들이 한입 먹을 때마다 각자의 방식으로 자유롭게 느낄 수 있다는 아이디어가 마음에 들었다.

피에르 에르메

10인분

준비
6시간
휴지
12시간
조리
30분

소프트 아시엔다 엘레오노르 초콜릿 크림
(하루 전 준비)
귀리 음료 275g
가루 설탕 50g
X58 펙틴 5g
게랑드 플뢰르 드 셀 0.5g
다크 초콜릿
(발로나® 카카오 64%, 에콰도르 퓨어 오리진
아시엔다 엘레오노르) 130g
탈취 코코넛오일 25g
해바라기유 15g

다크 초콜릿을 다진다. 설탕과 펙틴을 섞는다. 냄비에 귀리 음료를 붓고 데워, 온도계나 전자온도계로 측정해 40℃로 만들고, 플뢰르 드 셀과 설탕 펙틴 혼합물을 넣는다. 끓인 후, 다진 초콜릿, 코코넛 오일, 해바라기유에 세 번에 나눠 붓는다. 잘 섞은 후 그라탱 용기에 옮겨 담고, 랩으로 밀착하게 덮는다. 사용하기 전까지 12시간 냉장 보관한다.

아시엔다 엘레오노르
초콜릿 샹티이 크림
(하루 전 준비)
귀리 음료 335g
다크 초콜릿
(발로나® 카카오 64%, 에콰도르 퓨어 오리진
아시엔다 엘레오노르) 200g

초콜릿을 다진다. 귀리 음료를 끓이고, 다진 초콜릿에 붓는다. 중앙에서부터 점점 크게 원을 그려 저으며 섞는다. 핸드 블렌더로 크림을 섞는다. 그라탱 용기에 옮겨 담고, 랩으로 밀착하게 덮은 후, 식히고 12시간 냉장 보관하며 굳힌다. 이 크림은 언 상태여야 한다.

플뢰르 드 셀
아시엔다 엘레오노르 초콜릿 칩
다크 초콜릿
(발로나® 카카오 64%, 에콰도르 퓨어 오리진
아시엔다 엘레오노르) 200g
게랑드 플뢰르 드 셀 3.6g

플뢰르 드 셀 결정체를 밀대로 밀어 곱게 으깬 후, 중간 혹은 가는 체로 친다. 가장 고운 결정만 보관한다. 다크 초콜릿이 부드러우면서 광택이 나고 안정되도록 다음과 같이 템퍼링을 한다. 톱칼로 초콜릿을 잘게 잘라 용기에 넣고, 초콜릿이 담긴 용기를 냄비에 넣어 중탕으로 녹인다. 50~55℃가 될 때까지 나무 숟가락으로 부드럽게 젓는다. 초콜릿이 든 용기를 중탕냄비에서 꺼낸다. 얼음을 너덧 개 넣은 차가운 물이 든 용기에 초콜릿이 든 용기를 놓는다. 용기 가장자리부터 초콜릿이 굳기 시작하므로 가끔씩 녹인 초콜릿을 젓는다. 초콜릿의 온도가 27~28℃가 되면, 다시 초콜릿이 든 용기를 중탕냄비로 옮겨 주의해서 지켜보며 31~32℃로 만든다. 이제 초콜릿 템퍼링이 끝났다. 여기에 플뢰르 드 셀을 넣는다. 랩을 깔고 그 위에 1cm 두께로 템퍼링한 플뢰르 드 셀 초콜릿을 펼쳐놓는다. 랩으로 덮고 초콜릿이 굳으며 변형되지 않도록 누름돌을 올려놓는다. 몇 시간 냉장 보관한다. 장식용 플뢰르 드 셀 초콜릿 판을 5~7cm 조각으로 크게 자르고, 밀폐용기에 넣어 냉장 보관한다.

아시엔다 엘레오노르 초콜릿 소르베
생수 355g
가루 설탕 55g
구아검 2g
캐롭검 2g
카카오 가루 16.5g
다크 초콜릿
(발로나® 카카오 64%, 에콰도르 퓨어 오리진
아시엔다 엘레오노르) 35g

냄비에 생수를 붓고 데운다. 30℃가 되면 90%의 설탕을 넣는다. 45℃가 되면 미리 섞어 둔 구아검, 캐롭검, 남은 10%의 설탕 혼합물을 붓는다. 250g의 액체(초콜릿 무게의 2/3)를 녹인 초콜릿과 카카오 가루에 부으며 섞는다. 가운데에 탄력 있고 윤기 나는 덩어리가 만들어지면 유화가 제대로 되고 있는 것이다. 남은 액체도 조금씩 부으며 계속 섞는다. 핸드 블렌더로 잘 섞어 유화한다. 이 혼합물을 모두 냄비에 붓고 온도계나 전자온도계로 측정해 2분 동안 85℃로 만들고, 재빨리 식혀 4℃로 만든다. 원심분리기에 넣고 원심분리기를 작동한다. 그릇에 옮겨 담고 냉동 보관한다.

초콜릿 사블레 페이스트

마가린 75g
사탕무 황설탕 60g
가루 설탕 25g
게랑드 플뢰르 드 셀 2.5g
천연 바닐라 엑스트랙트 1g
다크 초콜릿
(발로나® 카카오 72%, 아라구아니) 75g
T55 밀가루 90g
카카오 가루 (발로나®) 15g
베이킹소다 2.5g

블렌더로 초콜릿을 잘게 다진다. 밀가루, 카카오가루 베이킹소다를 섞고 체로 친다. 플랫비터를 장착한 블렌더 컨테이너에 마가린을 넣고 블렌더를 작동해 부드럽게 만든 후, 설탕, 플뢰르 드 셀, 천연 바닐라 엑스트랙트, 그리고 밀가루, 카카오가루, 베이킹소다 혼합물과 다진 초콜릿을 넣는다. 사블레 반죽처럼 최소로 섞고 바로 사용한다. 덧가루를 살짝 뿌린 작업대에 초콜릿 사블레 페이스트를 7㎜ 두께로 펼쳐놓는다. 식힌 후, 7 x 7㎜ 큐브로 자른다. 랩으로 덮어 냉장 보관한다. 유산지를 깐 오븐팬에 페이스트 큐브를 1.5㎝ 간격으로 놓는다. 컨벡션 오븐에서 165℃로 10분 굽는다. 식힌 후 바로 사용하거나 밀폐용기에 담아 상온 보관한다.

카카오 닙스 누가

생수 20g
글루코스 시럽 20g
가루 설탕 60g
NH 펙틴 1g
카놀라유 혹은 포도씨유 26g
카카오 닙스 (발로나®) 60g
감귤류 섬유질 1g
사라왁 흑후추 0.4g

냄비에 물과 글루코스 시럽을 넣고 데워 45~50℃로 만든다. 설탕, 펙틴 혼합물을 넣고 끓여 온도계나 전자온도계로 측정해 106℃로 만든다. 오일과 감귤류 섬유질을 넣고 핸드 블렌더로 잘 섞어 유화한다. 카카오 닙스와 간 흑후추를 넣는다. 유산지 위에 이 혼합물을 쏟고 나무 주걱으로 펼쳐 놓는다. 유산지를 덮고 밀대로 밀어 계속 펼친다. 얼린 후 랩으로 덮어 냉동 보관한다.

마무리

게랑드 플뢰르 드 셀 약간
사라왁 흑후추 약간

마무리와 굽기

유산지를 깐 오븐팬에 익히지 않은 누가를 놓는다. 플뢰르 드 셀을 일정하게 흩뿌리고 사라왁 흑후추를 두 번 갈아 올린다. 컨벡션 오븐에서 170℃로 18~20분 굽는다. 식히고 바로 사용하거나 밀폐용기에 담아 상온 보관한다.

아시엔다 엘레오노르 초콜릿 냉소스

가루 설탕 10g
생수 300g
다크 초콜릿
(발로나® 카카오 64%, 에콰도르 퓨어 오리진
아시엔다 엘레오노르) 160g
게랑드 플뢰르 드 셀 0.5g

냄비에 생수를 넣고 끓인 후 설탕과 플뢰르 드 셀을 녹인다. 이 혼합물을 미리 잘게 다져 놓은 초콜릿에 세 번에 나눠 붓고, 부을 때마다 섞는다. 핸드 블렌더로 섞은 후, 냉장 보관한다. 사용할 때 거품기로 다시 섞는다.

플레이팅

플랫비터를 장착한 블렌더 컨테이너에 초콜릿 샹티이 크림을 넣고 섞은 후, 바로 사용한다. 타원형 접시의 중앙선을 따라 초콜릿 사블레 페이스트 큐브 3개를 떨어트려놓아 크넬의 자리를 잡는다. 초콜릿 소르베 크넬, 초콜릿 샹티이 크림 크넬, 소프트 초콜릿 크림 크넬을 놓는다. 초콜릿 사블레 페이스트 큐브를 놓는다. 크넬에 플뢰르 드 셀 초콜릿 칩과 카카오닙스 누가 칩을 꽂아 장식한다. 초콜릿 냉소스를 소스 그릇에 담는다. 바로 먹는다.

우레아 디저트

우레아 풍미의 조합은 다양한 해석이 가능하다.
유자 소르베와 퓌레의 폭발적인 향이 가장 먼저 느껴지지만, 상큼하고 새콤한 맛의 향연 중 피에몬테
헤이즐넛의 그윽하고 달콤한 맛이 강하게 드러난다.

피에르 에르메

디저트 10개

준비
6시간
휴지
17시간
조리
30분

소프트 헤이즐넛 크림
(하루 전 준비)
생수 500g
글루코스 시럽 125g
퓨어 구운 헤이즐넛 페이스트
(헤이즐넛 100%) 650g
헤이즐넛 프랄린
(헤이즐넛 60~65%) 350g
카카오버터 (발로나®) 100g

홈메이드 고치 유자 퓌레
유자 콩피 껍질 125g
고치 유자즙 65g
생수 25g
NH 펙틴 5g
가루 설탕 5g

냄비에 생수와 글루코스 시럽을 붓고 끓인다. 칼로 미리 잘라놓은 카카오버터, 퓨어 헤이즐넛 페이스트, 헤이즐넛 프랄린에 생수 글루코스 혼합물을 끓이자마자 두 번에 나눠 붓고, 부을 때마다 섞는다. 핸드 블렌더로 잘 섞어 매끄러운 크림을 만든다. 그라탱 용기에 옮겨 담고, 랩으로 밀착하게 덮어 식힌다. 사용하기 전까지 12시간 냉장 보관한다.

설탕과 펙틴을 섞는다. 블렌더로 유자즙과 껍질을 갈아 껍질을 작은 조각으로 만든다. 냄비에 물, 유자 껍질과 즙 혼합물을 넣고 데운다. 온도계나 전자온도계로 측정해 40℃가 되면 설탕과 펙틴 혼합물을 넣는다. 끓인다. 냉장 보관한다.

캐러멜라이징한 튀밥

가루 설탕 200g
생수 75g
튀밥 150g
플뢰르 드 셀 1g

냄비에 설탕과 물을 넣고 끓인 후, 온도계나 전자온도계로 측정해 118℃로 만든다. (미리 150℃의 오븐에서 5분 데운) 튀밥을 붓고, 중불로 설탕이 결정화할 때까지 부드럽게 섞으며 캐러멜라이징한다. 플뢰르 드 셀을 넣는다. 눌음방지 실리콘 매트에 옮겨 붓고 식힌다.

구워 으깬 피에몬테 헤이즐넛

피에몬테 생헤이즐넛 150g

유산지를 깐 오븐팬에 헤이즐넛이 겹치지 않게 주의하며 펼쳐놓고, 컨벡션 오븐에서 165℃로 15분 굽는다. 체 혹은 굵은 코 거름망을 사용해 껍질을 제거한다. 도마에 놓고 칼로 거칠게 으깬다. 바로 사용하거나 밀폐용기에 담아 상온 보관한다.

헤이즐넛 푀유테 프랄린

헤이즐넛 프랄린 (헤이즐넛 60~65%) 60g
퓨어 구운 헤이즐넛 페이스트
(헤이즐넛 100%) 180g
아몬드 밀크 초콜릿
(발로나® 카카오 46%, 아마티카) 75g
캐러멜라이징한 튀밥 85g
마가린 혹은 탈취 코코넛오일 25g
구워 으깬 피에몬테 헤이즐넛 85g

초콜릿과 지방을 중탕으로 녹이고, 온도계나 전자온도계로 측정해 45℃로 만든다. 헤이즐넛 프랄린과 퓨어 헤이즐넛 페이스트를 섞고, 초콜릿과 지방 혼합물에 넣는다. 살짝 부순 캐러멜라이징한 튀밥과 구워 으깬 피에몬테 헤이즐넛을 넣는다. 유산지를 깐 스테인리스 트레이에 헤이즐넛 푀유테 프랄린을 1㎝ 두께로 펼쳐놓고, 냉장 보관하며 굳힌다. 도마에 놓고 칼로 1 x 1㎝ 큐브로 자른다. 랩으로 덮고 냉동 보관한다.

헤이즐넛 크럼블

헤이즐넛 가루 96g
밀가루 92g
가루 설탕 72g
게랑드 플뢰르 드 셀 2g
탈취 코코넛오일 72g
생수 26g
구워 으깬 피에몬테 헤이즐넛 35g

코코넛오일을 녹이고, 온도계나 전자온도계로 측정해 30~35℃로 만든다. 플랫비터를 장착한 블렌더 컨테이너에 헤이즐넛 가루, 플뢰르 드 셀, 설탕, 미리 체로 친 밀가루를 넣고, 30℃로 녹인 기름을 붓는다. 고르게 잘 섞어 매끄러운 반죽을 만들고 (40℃로 데운) 생수와 구워 으깬 헤이즐넛을 넣는다. 유산지를 깐 트레이에 옮겨놓고, 2시간 냉장 보관한다. 반죽을 성긴 체에 눌러 통과시킨다. 유산지를 깐 오븐팬에 크럼블이 겹치지 않게 주의하며 펼쳐놓는다. 컨벡션 오븐에서 160℃로 크럼블이 노릇해질 때까지 20분 굽는다. 식힌 후, 습기를 피해 보관한다.

유자 소르베

생수 405g

가루 설탕 210g

유기농 레몬 제스트 5g

고치 유자즙 285g

건유자 가루 2.5g

이눌린 17.5g

글루코스 분말 70g

구아검 1.5g

캐롭검 1.5g

마이크로플레인® 제스터로 레몬 제스트를 만들고, 1/2 분량의 설탕과 섞어 비빈다. 냄비에 물, 제스트와 섞은 설탕, 유자 가루, 글루코스 분말, 이눌린을 넣고 데운다. 45℃가 되면 남은 설탕과 섞어놓은 구아검과 캐롭검을 넣는다. 이 혼합물을 온도계나 전자온도계로 측정해 85℃에서 2분간 익힌다. 핸드 블렌더로 잘 섞어 매끄러운 반죽을 만든 후, 4℃로 식힌다. 원심분리기에 넣기 전 최소 4시간 숙성한다. 유자즙을 넣고 다시 섞은 후, 원심분리기에 넣고 돌린다. 냉동 보관한다.

크리스피 튈

탈취 코코넛오일 84g

전화당 120g

가루 설탕 80g

밀가루 100g

생수 16g

탈취 코코넛오일을 녹이고, 온도계나 전자온도계로 측정해 30~35℃로 만든 후, 재료들을 순서대로 넣고 섞는다. 상온에서 30분 휴지한다. 트레이에 눌음방지 실리콘 매트를 깔고 나뭇잎 무늬가 있는 실리콘 틀을 놓은 후, 튈 반죽을 균일하게 펴 넣는다. 컨벡션 오븐에서 160℃로 5분 굽는다. 틀을 매트에 뒤집어 놓고 조심히 제거한다. 습기를 피해 밀폐용기에 담는다. 튈은 며칠 보관할 수 있다.

플레이팅

유자 껍질 콩피 약간

12mm 깍지를 장착한 짤주머니로 접시 중앙에 소프트 헤이즐넛 크림 30g을 나선형으로 짜놓는다. 깍지 없는 짤주머니로 고치 유자 퓌레를 한 점 짜놓고, 헤이즐넛 퓌유테 프랄린 큐브, 헤이즐넛 크럼블 조각, 유자 껍질 콩피를 올린다. 중앙에 유자 소르베 한 스쿱을 올리고, 윗면을 살짝 벌려 튈을 얹는다. 바로 먹는다.

아몬드 바닐라 밀푀유

밀푀유는 프랑스 파티스리의 고전 중의 고전으로, 반드시 비건 버전으로 만들어야 했다. 이 디저트는 아몬드 바닐라 크림을 사용해 순수하고 소박한 풍미를 살렸다.

린다 봉다라

밀푀유 11개

준비
6시간
휴지
6시간
조리
45분

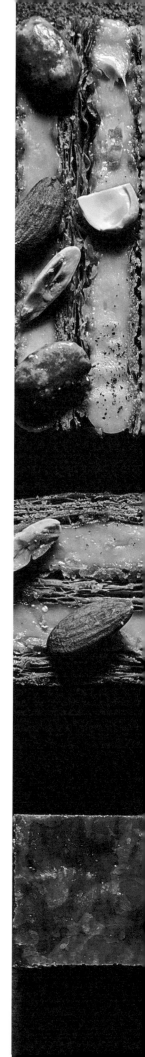

인버스 퍼프 페이스트리

1) 마가린/밀가루
제과용 마가린 375g
T45 밀가루 150g

플랫비터를 장착한 블렌더 컨테이너에 마가린을 넣고 부드럽게 만든다. 미리 체로 친 밀가루를 넣고 최소한의 동작으로 고르게 섞는다. 유산지에 사각형으로 펼쳐놓고, 다른 유산지로 덮은 후, 1시간 냉장 보관한다.

2) 데트랑프*
생수 150g
화이트 식초 2.5g
게랑드 플뢰르 드 셀 17.5g
T45 밀가루 350g
제과용 마가린 115g

제과용 마가린을 전자레인지에 살짝 돌려 포마드처럼 부드럽게 만든다. 후크를 장착한 블렌더 컨테이너에 모든 재료를 넣고 섞은 후, 유산지를 깐 트레이에 반죽을 직사각형으로 납작하게 펼쳐놓고, 랩으로 덮어 1시간 냉장 보관한다. 마가린, 밀가루 혼합물에 데트랑프를 넣는다. 이때 이 두 혼합물은 균일한 질감이어야 한다. 반죽을 길게 펼쳐놓고 3절 접기를 한 후 2시간 냉장 보관하고, 냉장고에서 반죽을 꺼내 다시 길게 펼쳐놓고 3절 접기를 한 후 다시 2시간 냉장 보관한다. 반죽을 소분하기 전 다시 펼쳐놓고 한 번 접는다. 3절 접기를 2회한 퍼프 페이스트리는 여러 날 냉장 보관할 수 있다.

* 밀가루와 물을 다양한 비율로 섞은 혼합물로, 요리나 파티스리용 반죽을 만드는 과정 중 다른 재료(버터, 우유, 달걀 등)를 넣어 섞기 전 첫 단계에 해당한다. 요리 냄비 뚜껑 둘레에 붙여 밀봉하는 용도 이외엔 이 초벌반죽 상태로만 사용되는 경우는 드물다. 다른 재료를 첨가하기 전에 10분 정도 냉장고에 넣어 휴지시키는 게 좋다. 데트랑프 초벌반죽을 만들 때는 필요한 양의 물을 밀가루에 모두 넣고 흡수시키면서 손가락 끝으로 섞어준다. 너무 많이 치대지 않도록 주의한다. (『그랑 라루스 요리백과』, 시트롱마카롱)

인버스 퍼프 페이스트리 반죽하기

작업대에 덧가루를 살짝 뿌리고 퍼프 페이스트리를 2㎜ 두께로 펼친 후, 포크로 찌르고 제과용 트레이의 크기에 맞춰 소분한다. 트레이에 유산지를 깔고 반죽을 펼쳐 놓는다. 트레이를 냉장 보관한다. 반죽은 최소 2시간 휴지해야 오븐에서 잘 부풀고 구울 때 줄어들지 않는다. 퍼프 페이스트리 반죽은 냉동 보관할 수 있다.

캐러멜라이징한
인버스 퍼프 페이스트리
가루 설탕 80g
슈거파우더 50g

유산지를 깐 오븐팬에 인버스 퍼프 페이스트리 반죽을 놓는다. (60 x 40㎝ 크기의) 반죽에 가루 설탕 80g을 고르게 뿌리고, 230℃의 컨벡션 오븐에 넣는다. 곧바로 오븐의 온도를 190℃로 낮추고 10분 반죽을 구운 후, 과팽창을 방지하기 위해 스테인리스 그릴을 올리고 10분 더 굽는다. 그릴 위에 오븐팬을 올려 살짝 누르고 10분 더 굽는다. 오븐에서 반죽을 꺼내고 위에 올린 오븐팬과 그릴을 제거한 후, 유산지로 반죽을 덮고 위에 먼저 올렸던 오븐팬과 같은 크기의 오븐팬을 올린다. 모양이 흐트러지지 않게 오븐팬 2개를 잡고 뒤집어서 작업대에 놓는다. 이제 바닥이 위가 되었다. 구이 과정에서 사용한 위에 있는 오븐팬과 유산지를 제거한다. 반죽에 슈거파우더를 고르게 뿌린 후, 오븐에 넣고 250℃로 굽는다. 슈거파우더가 녹기 직전 노릇하게 캐러멜라이징될 때까지 몇 분 구워 마무리한다. 오븐에서 반죽을 꺼낸다. 반죽 표면은 매끄럽게 윤기가 나야 하며, 바닥은 광택이 나지 않고 바삭해야 한다. 식힌다. 캐러멜라이징한 인버스 퍼프 페이스트리를 트레이에 둔 채 11㎝ 폭으로 길게 잘라 세 덩어리를 만들고 성형을 위해 보관한다.

참고 : 캐러멜라이징한 퍼프 페이스트리를 과하게 구우면 쓴맛이 나므로 절대로 과하게 굽지 않도록 주의한다.

아몬드 바닐라 크림

구운 아몬드 퓌레 220g
사탕수수 황설탕 290g
탈취 코코넛오일 200g
옥수수전분 80g
아가르 아가르 6g
플뢰르 드 셀 드 게라드 3g
바닐라 대두 음료 500g

냄비에 대두 음료, 옥수수전분, 아가르 아가르, 사탕수수 황설탕을 넣고 끓인다. 핸드 블렌더로 뜨거운 혼합물을 아몬드 퓌레, 플뢰르 드 셀, 탈취 코코넛오일과 잘 섞어 유화한다. 냉장고에서 빠르게 식힌 후, 사용할 때까지 냉장 보관한다.

캐러멜라이징한 아몬드

화이트 아몬드 70g
가루 설탕 250g
생수 75g

유산지를 깐 오븐팬에 아몬드가 겹치지 않게 주의하며 펼쳐놓고, 컨벡션 오븐에서 165℃로 15분 굽는다. 냄비에 물과 설탕을 넣어 끓이고, 온도계나 전자온도계로 측정해 118℃를 만든 후, 뜨거운 아몬드를 넣는다. 약불에서 캐러멜라이징한다. 캐러멜라이징한 아몬드를 눌음방지 실리콘 매트를 깐 트레이에 붓고 아몬드가 붙지 않게 주의해 저으며 식힌다. 밀폐용기에 보관한다.

성형

트레이에 캐러멜라이징한 인버스 퍼프 페이스트리 한 덩어리를 캐러멜라이징한 윤기 나는 부분이 위로 오게 놓는다. 14㎜ 원형 깍지를 장착한 짤주머니로 바닐라 아몬드 크림의 1/2 분량을 짜놓는다. 캐러멜라이징한 두 번째 인버스 퍼프 페이스트리 덩어리를 위에 얹고 남은 크림을 짜놓는다. 마지막으로 캐러멜라이징한 세 번째 인버스 퍼프 페이스트리 덩어리를 올리고, 11등분한다. 마무리 작업을 한다.

마무리

각각의 밀푀유에 캐러멜라이징한 아몬드 한 개를 올린다. 먹을 때까지 냉장 보관한다.

2000퍼유

비건 버전의 2000퍼유를 만드는 즐거움은 짜릿하다. 헤이즐넛 프랄린의 강한 풍미와 퍼프 페이스트리의 바삭함은 버터의 부재를 잊게 하고, 맛보는 순간 2000가지 감동을 준다.

피에르 에르메

2000퍼유 11개

준비
6시간
휴지
6시간
조리
45분

인버스 퍼프 페이스트리

1) 마가린/밀가루

제과용 마가린 375g

T45 밀가루 150g

플랫비터를 장착한 블렌더 컨테이너에 마가린을 넣고 부드럽게 만든다. 미리 체로 친 밀가루를 넣고 최소한의 동작으로 고르게 섞는다. 유산지에 사각형으로 펼쳐놓고, 다른 유산지로 덮은 후, 1시간 냉장 보관한다.

2) 데트랑프

생수 150g

화이트 식초 2.5g

게랑드 플뢰르 드 셀 17.5g

T45 밀가루 350g

제과용 마가린 115g

제과용 마가린을 전자레인지에 살짝 돌려 포마드처럼 부드럽게 만든다. 후크를 장착한 블렌더 컨테이너에 모든 재료를 넣고 섞은 후, 유산지를 깐 트레이에 반죽을 직사각형으로 납작하게 펼쳐놓고 랩으로 덮어 1시간 냉장 보관한다. 마가린, 밀가루 혼합물에 데트랑프를 넣는다. 이 때 이 두 혼합물은 균일한 질감이어야 한다. 반죽을 길게 펼쳐놓고 3절 접기를 한 후 2시간 냉장 보관하고, 냉장고에서 반죽을 꺼내 다시 길게 펼쳐놓고 3절 접기를 한 후 다시 2시간 냉장 보관한다. 반죽을 소분하기 전 다시 펼쳐놓고 한 번 접는다. 3절 접기를 2회한 퍼프 페이스트리는 여러 날 냉장 보관할 수 있다.

인버스 퍼프 페이스트리 반죽하기

작업대에 덧가루를 살짝 뿌리고 퍼프 페이스트리를 2㎜ 두께로 펼친 후, 포크로 찌르고 제과용 트레이의 크기에 맞춰 소분한다. 트레이에 유산지를 깔고 반죽을 펼쳐 놓는다. 트레이를 냉장 보관한다. 반죽은 최소 2시간 휴지해야 오븐에서 잘 부풀고 구울 때 줄어들지 않는다. 퍼프 페이스트리 반죽은 냉동 보관할 수 있다.

캐러멜라이징한
인버스 퍼프 페이스트리
가루 설탕 80g
슈거파우더 50g

유산지를 깐 오븐팬에 인버스 퍼프 페이스트리 반죽을 놓는다. (60 x 40㎝ 크기의) 반죽에 가루 설탕 80g을 고르게 뿌리고, 230℃의 컨벡션 오븐에 넣는다. 곧바로 오븐의 온도를 190℃로 낮추고 10분 반죽을 구운 후, 과팽창을 방지하기 위해 스테인리스 그릴을 올리고 10분 더 굽는다. 그릴 위에 오븐팬을 올려 살짝 누르고 10분 더 굽는다. 오븐에서 반죽을 꺼내고 위에 올린 오븐팬과 그릴을 제거한 후, 유산지로 반죽을 덮고 위에 먼저 올렸던 오븐팬과 같은 크기의 오븐팬을 올린다. 모양이 흐트러지지 않게 오븐팬 2개를 잡고 뒤집어서 작업대에 놓는다. 이제 바닥이 위가 됐다. 구이 과정에서 사용한 위에 있는 오븐팬과 유산지를 제거한다. 반죽에 슈거파우더를 고르게 뿌린 후, 오븐에 넣고 250℃로 굽는다. 슈거파우더가 녹기 직전 노릇하게 캐러멜라이징될 때까지 몇 분 구워 마무리한다. 오븐에서 반죽을 꺼낸다. 반죽 표면은 매끄럽게 윤기가 나야하며, 바닥은 광택이 나지 않고 바삭해야 한다. 식힌다. 캐러멜라이징한 인버스 퍼프 페이스트리를 트레이에 둔 채 11㎝ 폭으로 길게 잘라 세 덩어리를 만들고 성형을 위해 보관한다. 마무리용으로 캐러멜라이징한 인버스 퍼프 페이스트리 자투리를 남겨둔다.

참고 : 캐러멜라이징한 퍼프 페이스트리를 과하게 구우면 쓴맛이 나므로 절대로 과하게 굽지 않도록 주의한다.

굽고 분쇄한 피에몬테 헤이즐넛
피에몬테 생헤이즐넛 100g

유산지를 깐 오븐팬에 헤이즐넛이 겹치지 않게 주의하며 펼쳐놓고, 컨벡션 오븐에서 165℃로 5분 굽는다. 체 혹은 굵은 코 거름망에 쳐서 껍질을 제거한다. 도마에 놓고 칼로 거칠게 으깬다. 바로 사용하거나 밀폐용기에 담아 상온 보관한다.

캐러멜라이징한 튀밥
가루 설탕 50g
생수 20g
튀밥 40g

냄비에 설탕과 물을 넣고 끓인 후, 온도계나 전자온도계로 측정해 118℃로 만든다. (미리 데운) 튀밥을 넣고, 설탕 알갱이가 결정화할 때까지 익힌 후 캐러멜라이징한다. 눌음방지 실리콘 매트를 깐 트레이에 붓고 식힌다.

헤이즐넛 푀유테 프랄린
헤이즐넛 프랄린
(헤이즐넛 60~65%) 60g
구운 퓨어 헤이즐넛 퓌레
(헤이즐넛 100%) 180g
아몬드 밀크 초콜릿
(발로나® 카카오 46%, 아마티카) 75g
캐러멜라이징한 튀밥 85g
마가린 혹은 탈취 코코넛오일 25g
굽고 분쇄한 피에몬테 헤이즐넛 85g

초콜릿과 지방을 중탕으로 녹여 45℃로 만든다. 헤이즐넛 프랄린, 퓨어 헤이즐넛 퓌레를 섞고 앞의 혼합물에 넣는다. 캐러멜라이징한 후 살짝 다진 튀밥과 굽고 분쇄한 피에몬테 헤이즐넛을 넣는다. 헤이즐넛 푀유테 프랄린을 유산지를 깐 스테인리스 트레이에 25 x 22㎝ 크기로 펼쳐놓고, 냉장 보관하며 굳힌다. 도마에 놓고 칼로 잘라 25 x 11㎝ 크기의 덩어리 2개를 만든다. 랩으로 덮어 냉동 보관한다.

커스터드 크림
귀리 음료 135g
옥수수전분 16g
가루 설탕 26g
마가린 35g

옥수수전분을 체로 친다. 냄비에 귀리 음료와 1/3 분량의 가루 설탕을 넣고 끓인다. 옥수수전분과 나머지 설탕을 섞는다. 귀리 음료와 설탕 혼합물 1/2에 옥수수전분과 설탕 혼합물을 녹인 후, 남은 귀리 음료와 설탕 혼합물에 붓는다. 커스터드 크림을 끓이며 거품기로 빠르게 섞는다. 불을 끄고 마가린을 넣어 섞은 후 식힌다. 냉장 보관한다.

이탈리안 머랭

생수 150g
콩 단백질 10g
잔탄검 0.25g
가루 설탕 235g

핸드 블렌더로 물 105g, 콩 단백질, 잔탄검을 섞는다. 20분 냉장 보관 후, 거품기를 장착한 블렌더 컨테이너에 넣고 중속으로 섞어 머랭을 만든다. 냄비에 남은 물과 설탕을 넣어 끓인 후, 온도계 또는 전자온도계로 측정해 121℃로 만든다. 물, 단백질, 잔탄검 혼합물에 조리한 설탕을 조금씩 붓는다. 같은 속도로 휘핑하며 식힌다.

참고 : 일단 차가워지면 머랭이 굳지 않게 저속으로 계속 섞어야 최상의 형태와 결과를 얻을 수 있다.

프랄린 크림

차가운 이탈리안 머랭
(기화 후 위의 레시피로 만들 수 있음) 345g
마가린 375g
헤이즐넛 프랄린
(헤이즐넛 60~65%) 100g
구운 퓨어 헤이즐넛 페이스트
(헤이즐넛 100%) 80g

거품기를 장착한 블렌더 컨테이너에 상온의 마가린을 넣어 휘핑한 후, 이탈리안 머랭을 넣어 손으로 섞고, 거품기를 작동해 가볍고 단단한 크림을 만든다. 크림이 잘 섞여 매끄럽게 되면 헤이즐넛 프랄린과 퓨어 헤이즐넛 페이스트를 넣는다. 잘 섞어서 바로 사용한다.

프랄린 무슬린 크림

식물성 크림 (지방 31%) 175g
제과용 크림 160g
프랄린 크림 835g

거품기를 장착한 블렌더 컨테이너에 식물성 크림을 넣고 휘핑한다. 믹싱볼에 제과용 크림을 넣고 거품기로 잘 섞는다. 거품기를 장착한 블렌더 컨테이너에 차가운 프랄린 크림을 넣고 휘핑해 가볍고 단단한 크림을 만든다. 크림이 잘 섞여 매끄럽게 되면 제과용 크림을 넣는다. 거품기로 휘핑한 크림을 실리콘 주걱으로 조심히 섞고 바로 사용한다.

캐러멜라이징한 피에몬테 헤이즐넛

피에몬테 생헤이즐넛 70g
가루 설탕 250g
생수 75g

유산지를 깐 오븐팬에 헤이즐넛이 겹치지 않게 주의해 펼쳐놓고, 컨벡션 오븐에서 165℃로 15분 굽는다. 체 혹은 굵은 코 거름망에 통과시켜 껍질을 제거한다. 냄비에 물과 설탕을 넣어 끓이고 온도계나 전자온도계로 측정해 118℃로 만든 후, 뜨거운 헤이즐넛을 넣는다. 약불에서 캐러멜라이징한다. 캐러멜라이징한 헤이즐넛을 눌음방지 실리콘 매트를 깐 트레이에 붓고 붙지 않게 저어 떨어트려 놓은 후 식힌다. 밀폐용기에 보관한다.

성형

캐러멜라이징 후 얇게 으깬
인버스 퍼프 페이스트리 조각 약간

트레이에 캐러멜라이징한 첫 번째 기다란 인버스 퍼프 페이스트리를 캐러멜라이징한 윤기 있는 부분이 위로 오게 놓는다. 14mm 원형 깍지를 장착한 짤주머니로 프랄린 무슬린 크림 250g을 짜놓고, 기다란 헤이즐넛 푀유테 프랄린을 올리고, 다시 프랄린 무슬린 크림 250g을 짜놓는다. 캐러멜라이징한 두 번째 기다란 인버스 퍼프 페이스트리를 놓고 프랄린 무슬린 크림 500g을 짜놓는다. 마지막으로 캐러멜라이징한 세 번째 기다란 인버스 퍼프 페이스트리를 올리고 살짝 누른 후, 겉으로 흐른 크림을 매끄럽게 정리한다. 캐러멜라이징 후 얇게 으깬 인버스 퍼프 페이스트리 조각을 올려 장식하고 냉장 보관하며 굳힌 후, 11등분해 자른다. 마무리 작업을 한다.

마무리

2000푀유에 캐러멜라이징한 헤이즐넛을 한 개씩 올린다. 먹을 때까지 냉장 보관한다.

참고 : 인버스 퍼프 페이스트리는 여러 가지 장점이 있다. 바삭한 동시에 부드럽고, 구울 때 많이 작아지지 않으며, 생지를 냉동 보관할 수 있다.

엥피니망
초콜릿 밀푀유

달걀과 크림이 빠지면, 초콜릿은 아주 순수한 고유의 향을 발산한다. 바삭한 퍼프 페이스트리와 어울리는 무척 맛있는 밀푀유의 감동을 살렸다.

피에르 에르메

밀푀유 11개

준비
6시간
휴지
12시간
조리
45분

다크 초콜릿 샹티이 크림
(하루 전 준비)
귀리 음료 670g
다크 초콜릿
(발로나® 카카오 64%, 앙파마키아) 400g

다크 초콜릿을 다진다. 귀리 음료를 끓이고, 초콜릿에 붓는다. 중앙에서부터 점점 크게 원을 그리며 저어 섞는다. 핸드 블렌더로 혼합물을 섞는다. 그라탱 용기에 옮겨 담고 랩으로 밀착하게 덮어 식히고, 사용하기 전 12시간 냉장 보관하며 굳힌다.

인버스 퍼프 페이스트리
1) 마가린 / 밀가루
제과용 마가린 375g
T45 밀가루 150g

플랫비터를 장착한 블렌더 컨테이너에 마가린을 넣고 부드럽게 만든다. 미리 체로 친 밀가루를 넣고 최소한의 동작으로 고르게 섞는다. 유산지에 사각형으로 펼쳐놓고, 다른 유산지로 덮은 후, 1시간 냉장 보관한다.

2) 데트랑프

생수 150g

백식초 2.5g

게랑드 플뢰르 드 셀 17.5g

T45 밀가루 350g

제과용 마가린 115g

제과용 마가린을 전자레인지에 살짝 돌려 포마드처럼 부드럽게 만든다. 후크를 장착한 블렌더 컨테이너에 모든 재료를 넣어 섞고, 유산지를 깐 트레이에 반죽을 정사각형으로 납작하게 펼쳐놓은 후, 랩으로 덮고 1시간 냉장 보관한다. 마가린, 밀가루 혼합물에 데트랑프를 넣는다. 이때 이 두 혼합물은 균일한 질감이어야 한다. 반죽을 길게 펼쳐놓고 3절 접기를 한 후 2시간 냉장 보관하고, 냉장고에서 반죽을 꺼내 다시 길게 펼쳐놓고 3절 접기를 한 후 다시 2시간 냉장 보관한다. 반죽을 소분하기 전 다시 펼쳐놓고 한 번 접는다. 3절 접기를 2회한 퍼프 페이스트리는 여러 날 냉장 보관할 수 있다.

인버스 퍼프 페이스트리 반죽하기

작업대에 덧가루를 살짝 뿌리고 퍼프 페이스트리를 2mm 두께로 펼친 후, 포크로 찌르고 제과용 트레이의 크기에 맞춰 소분한다. 트레이에 유산지를 깔고 반죽을 펼쳐 놓는다. 트레이를 냉장 보관한다. 반죽은 최소 2시간 휴지해야 오븐에서 잘 부풀고 구울 때 줄어들지 않는다. 퍼프 페이스트리 반죽은 냉동 보관할 수 있다.

캐러멜라이징한
인버스 퍼프 페이스트리

가루 설탕 80g

슈거파우더 50g

유산지를 깐 오븐팬에 인버스 퍼프 페이스트리 반죽을 놓고, (60 x 40㎝ 크기의) 반죽에 가루 설탕 80g을 고르게 뿌린 후, 230℃의 컨벡션 오븐에 넣는다. 곧바로 오븐의 온도를 190℃로 낮춘다. 반죽을 10분 구운 후, 과팽창을 방지하기 위해 스테인리스 그릴을 올리고 10분 더 굽는다. 그릴 위에 오븐팬을 올려 살짝 누르고 10분 더 굽는다. 오븐에서 반죽을 꺼내고 위에 올린 오븐팬과 그릴을 제거한 후, 유산지로 반죽을 덮고 위에 먼저 올렸던 오븐팬과 같은 크기의 오븐팬을 올린다. 모양이 흐트러지지 않게 오븐팬 2개를 잡고 뒤집어서 작업대에 놓는다. 이제 바닥이 위가 됐다. 구이 과정에서 사용한 위에 있는 오븐팬과 유산지를 제거한다. 반죽에 슈거파우더를 고르게 뿌린 후, 오븐에 넣고 250℃로 굽는다. 슈거파우더가 녹기 직전 노릇하게 캐러멜라이징될 때까지 몇 분 구워 마무리한다. 오븐에서 반죽을 꺼낸다. 반죽 표면은 매끄럽게 윤기가 나야하며, 바닥은 광택이 나지 않고 바삭해야 한다. 식힌다. 캐러멜라이징한 인버스 퍼프 페이스트리를 트레이에 둔 채 11cm 폭으로 길게 잘라 세 덩어리를 만든 후, 2.5cm폭의 직사각형으로 자른다. 성형을 위해 보관한다.

참고 : 캐러멜라이징한 퍼프 페이스트리를 과하게 구우면 쓴맛이 나므로 절대로 과하게 굽지 않도록 주의한다.

카카오닙스 크리스피

탈취 코코넛오일 64g
아몬드 60% 아몬드 프랄린 576g
엑스트라 카카오 페이스트
(발로나® 카카오 100%) 144g
카카오닙스 (발로나®) 120g

믹싱볼에 탈취 코코넛오일과 엑스트라 카카오 페이스트를 넣고 중탕으로 녹인 후 온도계나 전자온도계로 측정해 45℃로 만든다. 아몬드 프랄린을 넣고 섞은 후, 카카오닙스를 넣고 섞는다.
랩을 깐 스테인리스 트레이에 카카오닙스 크리스피를 펼쳐놓는다. 1시간 냉장 보관한다. 11 x 2.5㎝ 직사각형으로 자른다. 냉장 혹은 냉동 보관한다.

플뢰르 드 셀 초콜릿 칩

다크 초콜릿
(발로나® 카카오 64%) 500g
게랑드 플뢰르 드 셀 9g

플뢰르 드 셀을 밀대로 밀어 작은 알갱이로 으깨고, 중간 혹은 가는 체로 친다. 가장 작은 알갱이만 보관한다.
다크 초콜릿이 부드러우면서 광택이 나고 안정되도록 다음과 같이 템퍼링을 한다. 톱칼로 초콜릿을 잘게 잘라 용기에 넣고, 초콜릿이 담긴 용기를 냄비에 넣어 중탕으로 녹인다. 50~55℃가 될 때까지 나무 숟가락으로 부드럽게 젓는다. 초콜릿이 든 용기를 중탕냄비에서 꺼낸다. 얼음을 너덧 개 넣은 차가운 물이 든 용기에 초콜릿이 든 용기를 놓는다. 용기 가장자리부터 초콜릿이 굳기 시작하므로 가끔씩 녹인 초콜릿을 젓는다. 초콜릿의 온도가 27~28℃가 되면, 다시 초콜릿이 든 용기를 중탕냄비로 옮겨 주의해서 지켜보며 31~32℃로 만든다. 이제 초콜릿 템퍼링이 끝났다. 여기에 플뢰르 드 셀을 넣는다.
랩을 깔고 템퍼링한 플뢰르 드 셀 초콜릿을 1㎜ 두께로 펼쳐놓는다. 랩으로 덮고 누름돌로 눌러 초콜릿이 결정화하며 변형되는 것을 막는다. 몇 시간 냉장 보관한다. 플뢰르 드 셀 초콜릿의 1/2을 도마에 놓고 칼로 굵게 잘라 0.5~1㎝ 크기의 칩을 만들고, 성형을 위해 밀폐용기에 담아 보관한다. 플뢰르 드 셀 초콜릿의 나머지 1/2은 밀푀유 장식으로 사용하기 위해 남겨둔다.

플레이팅

거품기를 장착한 블렌더 컨테이너에 다크 초콜릿을 넣고 샹티이 크림을 만든다. 트레이에 캐러멜라이징한 직사각형 퍼프 페이스트리 10개를 윤기 있는 면이 바닥으로 닿게 놓는다. 12㎜ 원형 깍지를 장착한 짤주머니로 다크 초콜릿 샹티이 크림을 짜놓고 플뢰르 드 셀 다크 초콜릿 칩을 올린다. 두 번째 캐러멜라이징한 직사각형 퍼프 페이스트리를 같은 방향으로 위에 놓고, 다크 초콜릿 샹티이 크림을 공처럼 짜놓는다. 그 위에 마지막으로 세 번째 캐러멜라이징한 직사각형 퍼프 페이스트리를 이번에는 윤기 있는 면이 위로 향하게 놓는다. 접시에 밀푀유를 뉘어놓고 표면 전체에 플뢰르 드 셀 다크 초콜릿 칩을 뿌린다. 20㎜ 생토노레 깍지를 장착한 짤주머니로 밀푀유 표면 전체에 다크 초콜릿 샹티이 크림을 지그재그로 짜놓는다. 커다란 플뢰르 드 셀 다크 초콜릿 칩 3장을 장식으로 올리고 바로 먹는다.

참고 : 인버스 퍼프 페이스트리는 여러 가지 장점이 있다. 바삭한 동시에 부드럽고, 구울 때 많이 작아지지 않고, 생지를 냉동 보관할 수 있다.

엥피니망
아몬드 판나코타

내게 아몬드 판나코타는 가장 이해하기 쉬운 디저트 본보기이다. 이 디저트가 비건 목록에 포함되는 건 너무나 당연하다. 단순해 보이지만 맛과 식감이 완벽한 조화를 이루며 건과일의 장점을 부각한다. 레시피에 사용된 암루 꿀은 이 디저트의 가장 큰 특징 중 하나다.

피에르 에르메

판나코타 10개

준비
3시간
휴지
6시간
조리
45분

구운 아몬드 인퓨전
아몬드 음료 2.1kg
구운 생아몬드 840g

유산지를 깐 오븐팬에 아몬드를 겹치지 않게 주의하며 펼쳐놓는다. 컨벡션 오븐에서 170℃로 15분 굽는다. 구운 아몬드를 도마에 놓고 거칠게 빻는다. 냄비에 식물성 음료와 아몬드를 넣어 끓인 후, 핸드 블렌더나 블렌더로 최대한 곱게 간다. 뚜껑을 덮고 20분 우린 후, 혼합물을 체로 거른다. 바로 사용한다.

참고 : 크림과 그라니타를 만들 때 필요하다.

아몬드 음료 판나코타 크림

구운 아몬드 인퓨전 800g
가루 설탕 60g
화이트 아몬드 퓌레 200g
아이오타 카라기난* 1.86g

냄비에 구운 아몬드 인퓨전을 붓고, 설탕, 아몬드 퓌레, 아이오타 카라기난을 넣은 후, 잘 섞어 균일한 혼합물을 만든다. 이 혼합물을 데우고, 온도계나 전자온도계로 측정해 65℃로 만든다. 바로 사용한다.
눌음방지 실리콘 매트를 깐 트레이에 직경 8㎝, 높이 2㎝ 크기의 스테인리스 원형틀 10개를 놓고, 틀 안쪽에 비닐을 덧댄 후, 판나코타 크림 85g을 붓는다. 냉장 보관하며 식힌다.

참고 : 이 크림은 얼리지 않는다! 원형 판나코타 크림은 3일 냉장 보관할 수 있다.

아몬드 그라니타

구운 아몬드를 우린 아몬드 음료 150g
생수 400g
가루 설탕 105g

재료를 모두 끓이고, 핸드 블렌더로 섞는다. 스테인리스 배트에 붓고, 4시간 냉장 보관하며 식힌다. 냉동실에 넣는다. 10분마다 저어 큰 알갱이를 만든다. 그라니타가 완전히 얼면 바로 밀폐 용기에 담아 냉동 보관한다.

홈메이드 암루

생아몬드 400g
게랑드 플뢰르 드 셀 0.5g
버진 아르간오일 40g
오렌지 꿀 또는 잡화꿀 8g

유산지를 깐 오븐팬에 생아몬드를 겹치지 않게 주의하며 펼쳐놓는다. 컨벡션 오븐에서 160℃로 35분 구운 후 식힌다. 블렌더로 생아몬드를 갈아 페이스트를 만든다. 플뢰르 드 셀, 꿀, 아르간오일을 조금씩 넣는다. 바로 사용하거나 밀폐용기에 넣어 냉장 보관한다.

캐러멜라이징한 분쇄 아몬드

가루 설탕 125g
생수 40g
화이트 아몬드 300g
카카오버터 (발로나®) 5g

유산지를 깐 오븐팬에 아몬드가 겹치지 않게 조심하며 펼쳐놓는다. 컨벡션 오븐에서 170℃로 15분 굽는다. 냄비에 물과 설탕을 넣어 끓이고, 온도계나 전자온도계로 측정해 118℃로 만든 후, 뜨거운 아몬드를 넣는다. 설탕이 모래 알갱이처럼 결정화하게 한 후, 캐러멜라이징한다. 아몬드가 캐러멜라이징 되면 카카오버터를 넣은 후, 눌음방지 실리콘 매트를 깐 스테인리스 트레이에 부으며 최대한 벌려 식힌다. 굵게 으깨서 바로 사용한다.

참고 : 캐러멜라이징한 아몬드는 분쇄하기 전 식을 때까지 기다려야 한다.

---

* carragheenan. 홍조류 해초의 추출물로 만든 첨가물로 식품의 증점제, 안정제, 겔화제로 많이 쓰인다. 유제품, 샤퀴트리, 가공육, 간편식, 생선 등의 분쇄가공식품(맛살, 어묵 등) 제조에 많이 사용되며 저지방 식품에 지방을 대체하는 역할로 쓰이기도 한다. (『그랑 라루스 요리백과』, 시트롱마카롱)

캐러멜라이징한 필로 반죽

필로 반죽 6장
마가린 약간
슈거파우더 약간

유산지에 필로 반죽 한 장을 놓고 녹인 마가린을 바른 후, 슈거파우더를 뿌리고, 그 위에 두 번째 필로 반죽을 놓는다. 직경 4cm의 원형으로 자른다. 이 작업을 세 번 반복해 원형 필로 반죽 100개를 만든다.

눌음방지 실리콘 매트를 깐 오븐팬에 원형 필로 반죽을 놓는다. 그 위에 두 번째 눌음방지 실리콘 매트와 오븐팬을 놓는다. 컨벡션 오븐에서 170℃로 8분 굽는다. 식힌 후 사용 전까지 밀폐용기에 넣어 보관한다.

참고 : 구울 때 반죽이 달라붙거나 바닥이 바삭해지지 않을 수 있으므로 마가린이나 설탕을 지나치게 많이 넣지 않도록 주의한다.

플레이팅

차가운 오목한 접시에 접시 중앙에 오도록 주의하며 짤주머니로 암루를 짜놓는다. 그 위에 원형 아몬드 음료 판나코타 크림을 올려놓는다. 주변에 아몬드 그라니타를 둘러놓는다. 크림 위에 캐러멜라이징한 원형 필로 반죽 10개를 놓는다. 중앙에 캐러멜라이징한 반쪽짜리 아몬드 3개를 놓고, 바로 먹는다.

플레이팅 디저트 ㅣ 나눠 먹어도 또는 혼자 먹어도 좋은 디저트

재료별 색인

Yaourt végétal 비건 요거트

Yumgo blanc 화이트 윰고

Yuzu 유자

Zaatar 자타르

레시피 목차

감사의 말

협조와 변함없는 지원, 매일매일의 협업으로 함께해준 안 데바쉬, 미카엘 마르솔리에, 얀 에바노, 연구개발팀의 페이스트리 셰프 팀(토마 바솔레이, 기욤 비올렛, 파비앙 에머리), 캐롤라인 해티거에게 감사의 마음을 전하고 싶습니다. 프로젝트 전반에 걸쳐 대담하게 지원해준 마농 데루에에게 특별히 감사드립니다.
또한 오랜 기간 함께 일하며 피에르 에르메 파리의 창조와 혁신을 보여주는 방법을 잘 알고 있는 제 파트너이자 친구인 사진작가 로랑 포, 재능 있는 스타일리스트 사라 바세기에게도 감사의 말을 전합니다.
마지막으로, 이 책에 대한 제안과 기여를 해주신 린다 봉다라와 출판사에 큰 감사를 드립니다.

피에르 에르메 _Pierre Hermé_

열심히 일해준 피에르 에르메 하우스 모든 팀과 이 프로젝트를 신뢰해준 출판사에 감사의 말씀을 전하고 싶습니다. 저와 함께 이 모험에 참여하기로 동의하고 연구소의 문을 활짝 열어준 피에르 에르메에게도 큰 감사를 표합니다. 마지막으로 전통적인 노하우와 식물 기반 혁신 사이의 연결고리를 만들어주고 제 프로젝트와 비건 파티시에 대한 비전을 지지해준 제 친구 로돌프 란데메인에게도 특별한 감사를 전합니다.

린다 봉다라 _Linda Vongdara_

피에르 에르메와 함께 일하는 것은 무한한 기쁨입니다. 의견을 교환하고, 경청하고, 합의해 역할을 분담하는 순간들. 이 모든 것에 대해 피에르에게 무한한 감사를 표합니다. 또한 전문성과 친절함을 보여준 미카엘 마르솔리에, 얀 에바노, 마농 드루에, 토마 바솔레이 등 파티시에 팀에게도 감사를 전합니다.

안 데바쉬 _Anne Debbasch_

Pâtisserie Végétale by Pierre Hermé & Linda Vongdara © 2023 Éditions Solar, Paris, France.
Korean edition arranged with Éditions Solar.
Korean Translation Copyright © ESOOPE Publishing Co.Ltd., 2025.
All rights reserved.

이 책의 한국어판 저작권은 작권자와의 독점 계약으로 이숲(시트롱 마카롱)에 있습니다.
저작권법에 의해 한국 내에서 보호를 받는 저작물이므로 무단전재와 무단복제를 금합니다.

피에르 에르메의 비건 파티스리
1판 1쇄 발행일 2025년 3월 1일
저 자 : 피에르 에르메, 린다 봉다라
번 역 : 김희경
발행인 : 김문영
펴낸곳 : 시트롱 마카롱
등 록 : 제2014-000153호
주 소 : 경기도 파주시 산남로107번길 86-17
S N S : @citronmacaron
이메일 : macaron2000@daum.net
ISBN : 979-11-978789-9-2 03590